泡茶品茶
270问

● 王珊珊 —— 主编

中国农业出版社

图书在版编目（CIP）数据

泡茶品茶270问 / 王珊珊主编. — 北京：中国农业出版社，2016.12（2022.4重印）

ISBN 978-7-109-21976-2

Ⅰ.①泡… Ⅱ.①王… Ⅲ.①茶文化－中国－问题解答 Ⅳ.①TS971-44

中国版本图书馆CIP数据核字（2016）第186708号

中国农业出版社出版

（北京市朝阳区麦子店街18号楼）

（邮政编码100125）

策划编辑　李梅

责任编辑　李梅

北京中科印刷有限公司印刷　新华书店北京发行所发行

2017年1月第1版　2022年4月北京第8次印刷

开本：710mm×1000mm　1/16　印张：10

字数：200千字

定价：39.90元

（凡本版图书出现印刷、装订错误，请向出版社发行部调换）

放松、放慢、放空、烧水、烹茶、饮茶，一次、再一次，静下来、慢下来，慎终如始，体会「淡茶的美妙气味」。

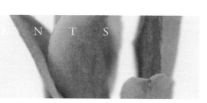

水、茶和茶具

001　什么是泡茶 | 20

002　如何品茶 | 20

003　泡茶前我们需要了解什么 | 20

泡茶用水

004　古人如何看待水在泡茶中的重要性 | 21

005　我国最早的鉴水家如何将泉水分等 | 21

006　古人对泡茶用水的选择标准是什么 | 22

007　古人如何说水 | 22

008　中国五大名泉是哪几个 | 23

009　镇江中泠泉为什么被认定为天下第一泉而最为著名 | 23

010　无锡惠山泉为何号称"天下第二泉" | 23

011　苏州观音泉的特点是什么 | 24

012　虎跑泉因何得名 | 24

013　杭州虎跑泉为什么水质好 | 24

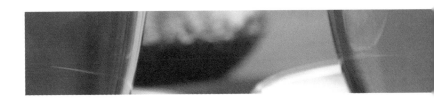

014　济南趵突泉为何有名 ｜ 24

015　是不是所有泉水都适合用来泡茶 ｜ 25

016　都有哪些水可以用来泡茶 ｜ 25

017　现代人泡茶用什么水好 ｜ 25

018　什么是软水、硬水 ｜ 26

019　为什么建议用中性水泡茶 ｜ 26

020　用自来水能泡出好喝的茶吗 ｜ 26

021　泡茶都要用沸水吗 ｜ 26

022　烧水时如何判断水是否沸腾 ｜ 27

023　为什么有的茶冲泡前要把开水晾一下再泡 ｜ 27

024　用水温过高、水温过低的水泡茶后会出现什么情况 ｜ 27

茶叶

025　公认的名茶有哪些 ｜ 28

026　茶叶有哪几种分类方法 ｜ 31

绿茶

027　什么是绿茶 ｜ 31

028　绿茶的特点是什么 ｜ 32

029　绿茶是怎样加工的 ｜ 32

030　绿茶一般如何分类 ｜ 32

031　什么是炒青绿茶 ｜ 33

032　什么是烘青绿茶 ｜ 33

033　什么是晒青绿茶 ｜ 34

034　什么是蒸青绿茶 ｜ 34

035　怎样辨别绿茶的优劣 ｜ 35

036　绿茶中最有名的茶有哪些 ｜ 35

037　西湖龙井的产地和特点是什么 ｜ 35

038　洞庭碧螺春产地与其他茶产区不同之处是什么 ｜ 36

039　为什么说洞庭碧螺春堪称最细嫩的茶 ｜ 36

040　太平猴魁的特点是什么 ｜ 36

041　为什么太平猴魁茶条很长却仍旧鲜嫩 ｜ 37

042　黄山毛峰的产地和特点是什么 ｜ 38

043　信阳毛尖的产地和特点是什么 ｜ 38

044　六安瓜片最早的记载出现于何时 ｜ 39

045　六安瓜片的产地和特点是什么 ｜ 39

046　安吉白茶为什么是绿茶 ｜ 40

047　安吉白茶的特点是什么 ｜ 40

048　缙云黄芽是黄茶吗 ｜ 41

049　绿茶中对人体健康有益的成分有哪些 ｜ 42

050　饮用绿茶对身体有什么好处 ｜ 42

红茶

051　什么是红茶 ｜ 43

052　红茶的特点是什么 ｜ 44

053　什么是渥红 ｜ 44

054　中国红茶如何分类 ｜ 45

055　如何判断工夫红茶的品质 ｜ 46

056　如何判断红碎茶的品质 ｜ 46

057 如何判断小种红茶的品质 | 46

058 祁红的特点是什么 | 47

059 川红的特点是什么 | 47

060 闽红的特点是什么 | 47

061 正山小种的特点是什么 | 48

062 金骏眉的特点是什么 | 48

063 世界主要红茶产地是哪几个国家 | 49

064 世界最著名的四大红茶是哪四种 | 49

065 台湾省出产的红茶有哪些 | 50

066 饮红茶有什么好处 | 50

067 什么季节适合饮红茶 | 51

068 什么样的人适合喝红茶 | 51

069 红茶冷却后为什么会变浑 | 52

070 "工夫红茶"和"工夫茶"的区别是什么 | 52

071 你知道英国人有"红茶情结"吗 | 52

黑茶

072　什么是黑茶 ｜ 53

073　何为"后发酵" ｜ 53

074　黑茶的特点是什么 ｜ 53

075　黑茶的种类有哪些 ｜ 54

076　普洱茶如何界定 ｜ 54

077　什么是普洱茶熟茶和普洱茶生茶 ｜ 54

078　普洱茶生饼是如何制作的 ｜ 55

079　普洱茶的熟茶工艺是何时形成的 ｜ 55

080　如何判断普洱茶熟茶的品质 ｜ 56

081　普洱茶紧压茶外形有哪些种类 ｜ 57

082　普洱茶生茶不适合什么人饮用 ｜ 58

083　喝普洱熟茶有什么益处 ｜ 58

084　普洱茶如何存放 ｜ 58

085　与普洱茶有关的茶品有哪些 ｜ 58

086　这些与普洱茶相关的词汇是什么意思 ｜ 59

087　什么是茯茶 ｜ 60

088　茯砖的特点是什么 ｜ 60

089　优质六堡茶的特点是什么 ｜ 61

090　黑茶的保健作用有哪些 ｜ 61

乌龙茶

091 什么是乌龙茶 ┃ 62

092 什么是乌龙茶的发酵度 ┃ 62

093 乌龙茶的采制有什么特色 ┃ 62

094 乌龙茶特有的加工工艺是什么 ┃ 63

095 怎样辨别乌龙茶的优劣 ┃ 63

096 乌龙茶如何按产地分类 ┃ 63

097 乌龙茶的香变、色变和味变分别是什么意思 ┃ 64

098 铁观音的特点是什么 ┃ 65

099 铁观音的几大主产区茶的特点是什么 ┃ 65

100 铁观音按香气如何分类 ┃ 66

101 凤凰单枞为什么叫"单枞" ┃ 66

102 凤凰单枞的特点是什么 ┃ 67

103 凤凰单枞十种最有名的香型是什么 ┃ 68

104 武夷岩茶是如何分类的 ┃ 68

105 武夷四大名枞分别是什么 ┃ 68

106 大红袍的特点是什么 ┃ 68

107 什么是大红袍的母树 ┃ 69

108 大红袍讲究喝新茶吗 ┃ 69

109 台湾省乌龙茶的特色是什么 ┃ 69

110 台湾省十大名茶是哪些 ┃ 69

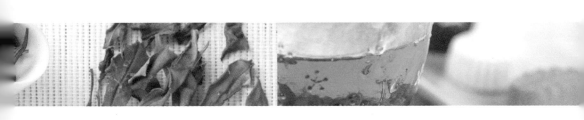

111　文山包种茶的特点是什么 | 70

112　冻顶乌龙茶因何久负盛名 | 71

113　冻顶乌龙茶的特点是什么 | 71

114　东方美人茶鲜叶有什么特别之处 | 72

115　东方美人茶的特点是什么 | 73

116　乌龙茶对身体有哪些益处 | 73

花茶

117　什么是花茶 | 73

118　什么是茉莉花茶的"窨制" | 74

119　什么茶可以作花茶的茶坯 | 74

120 花茶的主要产地和品种有哪些 | 74

121 花茶的特点是什么 | 74

122 花茶香气的优劣从哪几个方面判断 | 75

123 干花多就说明花茶好吗 | 75

124 如何选购茉莉花茶 | 76

白茶

125 什么是白茶 | 76

126 优质白茶的特点是什么 | 77

127 白茶的主要品种有哪些 | 77

128 白毫银针的采制有什么特殊之处 | 77

129 白毫银针的特点是什么 | 78

130 白牡丹的特点是什么 | 78

131 如何辨别白茶的优劣 | 79

132 老白茶和新白茶有什么不同 | 80

133 老白茶的特点是什么 | 80

134 为什么白茶产地的人认为白茶"三年宝、七年药" | 80

黄茶

135 什么是黄茶 | 81

136 制作黄茶的重要工艺是什么 | 81

137 黄茶有哪些品种 | 82

138 黄茶的特点是什么 | 82

139 君山银针的特点是什么 | 83

140 为什么君山银针会三起三落 | 84

141 如何辨别黄茶品质的优劣 | 84

142 哪些因素会对茶叶的存放造成不利影响 | 84

143 在家怎样存茶更好 | 85

其他"茶"

144　什么是非茶之茶　| 86

145　饮菊花茶有什么益处　| 86

146　什么是苦丁茶　| 87

147　饮大麦茶有什么益处　| 87

148　什么是八宝茶　| 87

149　什么是苦荞茶　| 88

150　什么是水果茶　| 88

151　什么是花草茶　| 88

152　喝花草茶有什么好处　| 88

153　花草茶的沏泡方法是什么　| 88

154　常见的花草茶搭配有哪些　| 89

155　饮用花草茶应注意什么　| 89

茶具

156　泡茶需要哪些茶具　| 90

主泡器

157　泡茶最重要的器具是什么　| 90

158　如何选择盖碗　| 92

159　怎样使用盖碗不会烫手　| 92

160　怎样使用盖碗饮茶　| 92

161　有没有适合泡所有茶的茶具　| 93

162　茶船是做什么用的　| 93

163　使用茶船应注意什么　| 94

164　杯托的作用是什么　| 94

165　如何使用闻香杯和品茗杯　| 95

166 公道杯是做什么用的 | 95

167 滤网是做什么用的 | 95

168 水方是做什么用的 | 96

169 壶承是做什么用的 | 96

170 茶道六用是指哪些用具 | 97

171 茶荷是做什么用的 | 98

172 茶巾是做什么用的 | 98

173 茶仓是做什么用的 | 99

174 茶刀是做什么用的 | 99

175 煮水壶有哪几种 | 99

176 茶趣是做什么用的 | 100

177 废水桶是做什么用的 | 100

紫砂壶

178 紫砂壶为什么深受喜爱 | 101

179 如何选择品质好的紫砂壶 | 102

180 紫砂壶如何养护 | 102

181 怎样持拿紫砂壶 | 102

182 如何正确清洁茶具 | 103

泡茶的要点

183 泡茶的第一步是什么 ∣ 105

184 什么是泡茶四要素 ∣ 105

185 每种茶叶的泡法都一样吗 ∣ 106

186 茶叶放多少有标准吗 ∣ 106

187 泡茶有固定的时间吗 ∣ 106

188 泡茶水温如何掌握 ∣ 107

189 一般哪一泡茶水的滋味更好 ∣ 108

190 刚开始学泡茶怎么判断茶是否泡好了 ∣ 108

191 初学者只要多泡茶就能提高技术吗 ∣ 108

192 什么情况下茶就不宜再喝了 ∣ 109

193 泡茶的水温、时间长短和用茶量的关系是怎样的 ∣ 109

194 什么叫"润茶" ∣ 109

195 冲泡绿茶的要点是什么 ∣ 110

196 什么是上投法 ∣ 110

197 什么是中投法 ∣ 110

198 什么是下投法 ∣ 110

199 为什么绿茶只适合沏泡三次 ∣ 111

200 为什么绿茶不润茶 ∣ 112

201 冲泡红茶的要点是什么 ∣ 112

202 泡黑茶应该注意什么 ∣ 112

203 用盖碗泡饮乌龙茶应注意什么 ∣ 113

204 泡花茶应注意什么 ∣ 113

205 冲泡白茶白毫银针时应注意什么 ∣ 113

206 冲泡黄茶君山银针应注意什么 ∣ 113

207 初学者怎样把握投茶量 ｜114

208 怎样取茶并将茶叶投入泡茶的器具 ｜114

209 冲水为什么要高冲 ｜114

210 为什么要淋壶 ｜114

211 为别人泡茶应注意什么礼仪 ｜115

212 泡茶时还应注意哪些细节 ｜115

怎样泡茶

冲泡绿茶

213 西湖龙井玻璃杯沏泡法的步骤是怎样的 ｜120

214 绿茶盖碗沏泡法的步骤是怎样的 ｜122

215 西湖龙井简易沏泡法的步骤是怎样的 ｜123

216 碧螺春玻璃杯沏泡法的步骤是怎样的 ｜123

217 碧螺春简易沏泡法的步骤是怎样的 | 124

218 太平猴魁玻璃杯沏泡法步骤是怎样的 | 125

219 黄山毛峰玻璃杯沏泡法的步骤是怎样的 | 125

冲泡红茶

220 祁门红茶瓷壶沏泡法的步骤是怎样的 | 127

221 袋泡红茶简易沏泡法的步骤是怎样的 | 128

222 奶茶沏泡的步骤是怎样的 | 128

223 柠檬红茶沏泡法的步骤是怎样的 | 130

冲泡乌龙茶

224 乌龙茶紫砂壶沏泡法的步骤是怎样的 | 130

225 铁观音盖碗沏泡法的步骤是怎样的 | 133

冲泡白茶

226 白毫银针玻璃杯沏泡法的步骤是怎样的 | 134

227 老白茶的煮饮步骤是怎样的 | 135

冲泡黄茶

228 君山银针玻璃杯沏泡法的步骤是怎样的 | 136

冲泡黑茶

229 普洱熟茶陶壶沏泡法的步骤是怎样的 | 136

230 普洱生茶盖碗沏泡法的步骤是怎样的 | 139

冲泡花茶

231 茉莉花茶简易冲泡法步骤是怎样的 | 140

232 茉莉花茶瓷壶冲泡法的步骤是怎样的 | 140

233 玫瑰红茶盖碗冲泡法的步骤是怎样的 | 141

怎样品茶

234 喝茶、饮茶与品茶的区别是什么 | 143

235 品茶需具备的四要素是什么 | 143

236 如何品绿茶 | 144

237 什么是茶舞 | 145

238 什么是"毫浑" | 145

239 如何品红茶 | 146

240 什么是红茶的"金圈" | 146

241 如何品乌龙茶 | 146

242 何谓武夷岩茶的"岩韵" | 147

243 何谓铁观音的"观音韵" | 147

244 凤凰单枞茶特色香型的韵味特点是什么 | 148

245 普洱茶熟茶如何品香气 | 149

246 如何品白茶 | 149

247 如何品黄茶 | 149

248　如何品茉莉花茶 | 150

249　品鉴干茶时应注意什么 | 150

250　品鉴茶香时应注意什么 | 151

251　品赏茶的滋味时应注意什么 | 151

252　品鉴叶底时应注意什么 | 152

253　品茶前怎样考虑茶具与品茶环境的搭配 | 153

254　品茶前怎样考虑茶具与茶的搭配 | 153

255　品茶前怎样考虑茶具颜色与茶的搭配 | 154

256　品茶前怎样考虑茶具质地与茶的搭配 | 154

品茶礼仪

257　茶艺人员仪容仪表应该是怎样的 | 156

258　茶艺人员的举止应是怎样的 | 156

259　泡茶时的正确体态是怎样的 | 158

260　茶艺人员的正确站姿是怎样的 | 158

261　茶艺人员的正确行走姿势是怎样的 | 158

262　为什么饮茶时不能一口喝尽而是要小口品饮 | 158

263　茶桌上座次有什么讲究 | 158

264　喝茶过程中能吸烟吗 | 158

265　敬茶的基本礼仪是怎样的 | 159

266　"敬茶七分满"的说法有什么道理 | 159

267　壶嘴为什么不能冲人 | 159

268　敬茶的先后顺序有什么讲究 | 160

269　端茶应遵守什么礼仪 | 160

270　给茶杯里添水应注意什么 | 160

水、茶和茶具

茶容身于器，

释放出色、香、味于水。

水好为茶加分，

器佳则为茶添韵。

001　什么是泡茶

选用适合泡茶的水、茶具，取用适量茶叶，把握好水温、水量和冲泡次数，用水冲泡茶叶，浸泡出茶叶的香气和滋味，就是泡茶。泡茶、品茶为人们身心带来愉悦，历来被用以修身养性。

中国是茶的源产地和发祥地，茶从最早的药用、食用，慢慢转变为饮用延续至今。茶作为日常饮品，其煮泡方法随着茶的形态不同而变化。明代以来，散茶兴盛，沏泡茶叶的方法沿用至今。因为不同茶叶的特性不同，所以泡茶的方法也略有不同。学习泡茶一方面可尽享茶的香醇，另一方面可修养身心，提升自己的精神境界。

002　如何品茶

由饮到品，喝茶从纯粹的满足生理需求上升为一种身心共同参与的精神活动。品茶被视为一种艺术，重在鉴赏、品味茶的各种不同，茶的制作工艺、色泽、香味、冲泡方式和水韵都是品茶的范畴。在品茶中体味精神的享受和思想的升华，对修身养性和学习礼仪有重要的作用。

美学大师朱光潜先生曾经说过："喝茶当于瓦屋纸窗之下，清泉绿茶，用素雅的陶瓷茶具，同二三人共饮，得半日之闲，可抵十年的尘梦。"精心地沏好一杯茶之后，举杯品饮，在茶中暂时忘却烦恼，休憩心灵，这应是品茶的最高境界了。

003　泡茶前我们需要了解什么

开始学习泡茶前，需要了解水质对茶的影响以便择水；应了解要冲泡的茶叶的种类和品质特征，以便控制泡茶时的水温和时间，选择适用的茶具；熟悉茶具，可以使冲泡过程更顺畅；熟悉各种冲泡技巧，选择合适的冲泡方法，保证茶汤香甜适口。

泡茶用水

泡茶用水究竟以何种为好，自古就多有评述。好茶需用好水，好水方能泡出好茶，泡茶用水至关重要，尤其是新绿茶，芽叶柔嫩，以山泉水最佳。

004 古人如何看待水在泡茶中的重要性

明代许次纾《茶疏》中曾说："精茗蕴香，借水而发，无水不可与茶论也。"充分说明了好茶需要配好水、好水才能泡好茶。明代张大复在《梅花草堂笔谈》中也谈道："茶性必发于水，八分之茶，遇十分之水，茶亦十分矣；八分之水，试十分之茶，茶叶八分耳。"可见水质能直接影响茶汤品质。水质不好，不能正确反映茶叶的色、香、味，尤其对茶汤滋味影响更大。

005 我国最早的鉴水家如何将泉水分等

我国最早的鉴水家——唐代刘伯刍将天下适宜沏茶的水排名，它们分别是：镇江中泠泉，第一；无锡惠山寺石泉水，第二；苏州虎丘寺石泉水，第三；丹阳县观音寺水，第四；扬州大明寺水，第五；吴淞江水，第六；淮水，第七。

006 古人对泡茶用水的选择标准是什么

好水的标准是，水质：清、活、轻；水味：甘、冽。

①清：水质要清。要求无杂、无色、透明、无沉淀物。

②活：水源要活。现代科学证明，在流动的水中细菌就不易繁殖，而且活水经自然净化，氧气和二氧化碳等气体的含量较高，泡出来的茶汤特别鲜爽。

③轻：水体要轻。水的比重越大，说明溶解的矿物质就越多。实验表明，当水中的铁过多时，茶汤就会发暗，滋味也变淡；铝含量过高时，茶汤会有明显的苦涩味；钙离子过多时，茶汤会带涩，所以水要以轻为美。

④甘：水味要甘。就是入口之后，舌尖顷刻便会有甜滋滋的感觉。咽下去后，喉中也有甜爽的回味。

⑤冽：冽即冷寒之意。因为寒冽之水大多出于地层深处的泉脉之中，受污染的机会较少，泡出来的茶汤滋味纯正。

007 古人如何说水

①水要甘而洁。宋代蔡襄在《茶录》中说："水泉不甘，能损茶味。"赵佶在《大观茶论》中指出："水以清轻甘洁为美。"王安石还有"水甘茶串香"的诗句。

②水要活而清鲜。宋代唐庚的《斗茶记》记载："水不问江井，要之贵活。"明代张源在《茶录》中分析得更为具体，指出："山顶泉清而轻，山下泉清而重，石中泉清而甘，砂中泉清而冽，土中泉清而白。流于黄石为佳，泻出青石无用。流动者愈于安静，负阴者胜于向阳。真源无味，真水无香。"

③贮水要得法。如明代熊明遇在《罗岕茶记》中指出："养水须置石子于瓮。"明代许次纾在《茶疏》中进一步指出："水性忌木，松杉为甚，木桶贮水，其害滋甚，洁瓶为佳耳。"明代罗廪在《茶解》中介绍得

更为具体，他说："大瓮满贮，投伏龙肝一块，即灶中心干土也，乘热投之。贮水瓮预置于阴庭，覆以纱帛，使昼抱天光，夜承星露，则英华不散，灵气常存。假令压以木石，封以纸箬，暴于日中，则内闭其气，外耗其精，水神敝矣，水味败矣。"

008 中国五大名泉是哪几个

中国五大名泉有多种说法，比较被认可的说法是：镇江中泠泉、无锡惠山泉、苏州观音泉、杭州虎跑泉、济南趵突泉。

009 镇江中泠泉为什么被认定为天下第一泉而最为著名

中泠泉又名南零水，早在唐代就已天下闻名。刘伯刍把它推举为全国宜于煎茶的七大水品之首。中泠泉原位于江苏镇江金山之西的长江江中盘涡险处，汲取极难。南宋诗人陆游曾有诗句描述。文天祥也有诗写道："扬子江心第一泉，南金来此铸文渊。男儿斩却楼兰首，闲品茶经拜羽仙。"如今，因江滩扩大，中泠泉已与陆地相连，仅是一个景观了。

010 无锡惠山泉为何号称"天下第二泉"

无锡惠山泉号称"天下第二泉"。此泉于唐代大历十四年（779年）开凿，迄今已有1200余年历史。张又新《煎茶水记》中说："水分七等……惠山泉为第二。"元代大书法家赵孟頫和清代吏部员外郎王澍分别书有"天下第二泉"，刻石于泉畔，字迹苍劲有力，至今保存完整。这就是"天下第二泉"的由来。惠山泉分上、中、下三池。上池呈八角形，水色透明，甘醇可口，水质最佳；中池为方形，水质次之；下池最大，系长方形，水质又次之。历代王公贵族和文人雅士都把惠山泉视为珍品。相传唐代宰相李德裕嗜饮惠山泉水，常令地方官吏用坛封装泉水，从镇江运到长安（今陕西西安），全程数千里。当时诗人皮日休，借杨贵妃驿递南方荔枝的故事，作了一首讽刺诗："丞相长思煮茗时，郡侯催发只忧迟。吴关去国三千里，莫笑杨妃爱荔枝。"

011 苏州观音泉的特点是什么

苏州观音泉为苏州虎丘胜景之一。张又新在《煎茶水记》中将苏州虎丘寺石水（即观音泉）列为第三泉。该泉甘冽，水清味美。

012 虎跑泉因何得名

相传，唐元和年间，有个名叫性空的和尚游方到虎跑，见此处环境优美，风景秀丽，便想建座寺院，但无水源，一筹莫展。夜里，和尚梦见神仙相告："南岳衡山有童子泉，当夜遣二虎迁来。"第二天，果然跑来两只老虎，刨地作穴，泉水遂涌，水味甘醇，虎跑泉因而得名。

013 杭州虎跑泉为什么水质好

虎跑泉名列全国第四。同其他名泉一样，虎跑泉水质好也有其地质学依据。虎跑泉的北面是林木茂密的群山，地下是石英砂岩，天长地久，岩石经风化作用，产生许多裂缝，地下水通过砂岩的过滤，慢慢从裂缝中涌出。这便是虎跑泉水质好的真正原因。据分析，该泉水可溶性矿物质较少，总硬度低，张力大，水质极好。

014 济南趵突泉为何有名

济南趵突泉为当地七十二泉之首，列为全国第五泉。趵突泉位于济南旧城西南角，泉的西南侧有一座精美的观澜亭。宋代诗人曾经写诗称赞："一派遥从玉水分，暗来都洒历山尘。滋荣冬茹温常早，润泽春茶味更真。"

015 是不是所有泉水都适合用来泡茶

并不是所有泉水都适合泡茶。一般说来，在天然水中，泉水比较清爽、杂质少、透明度高，并且污染少，水质最好。但是，由于水源和流经途径不同，所以不同泉水中的溶解物、含盐量与水的硬度等会有很大差异。因此，并不是所有泉水都是优质的。有些泉水，如硫黄矿泉水已失去饮用价值。

016 都有哪些水可以用来泡茶

泡茶常用的有六种水：

① 山泉水，是泡茶最理想的水，但应注意是否洁净、无污染，且不宜存放过久，新鲜为好；

② 江水、河水、湖水：远离人口密集处的江水、河水、湖水也不失为沏茶的好水；

③ 雪水、雨水：被古人称为"天泉"，尤其是雪水，更为古人所推崇；

④ 井水：属地下水，悬浮物含量少，透明度较高；

⑤ 自来水：含有用来消毒的氯气，在水管中滞留较久的还含有较多的铁质。当水中的铁离子含量超过万分之五时，会使茶汤呈褐色，而氯化物与茶中的多酚类作用，又会使茶汤表面形成一层"锈油"，喝起来有苦涩味；

⑥ 纯净水：净度好、透明度高，是泡茶的好水。

017 现代人泡茶用什么水好

喝茶已成为现代人生活中不可缺少的一部分。但我们饮用山泉水、江水、雪水等天然水的机会太少了。很多名泉地都开发了桶装泉水，我们可以根据自己的情况选用。另外，超市购买的纯净水、矿泉水、经过过滤装置处理的自来水等，泡茶都不错。

018 什么是软水、硬水

现代科学分析认为，泡茶用水有软水和硬水之分，所谓软水是指每升水中钙离子和镁离子的含量不到8毫克，凡钙离子和镁离子的含量超过8毫克的即为硬水。简单地划分——在无污染的情况下，自然界中只有雪水、雨水和露水（即天水）才称得上是软水，其他如泉水、江水、河水、湖水和井水（即地水）等均为硬水。

软水沏茶，色、香、味俱佳。含碳酸氢钙、碳酸氢镁的硬水，可经过煮沸、沉淀（生成水垢）进行软化后使用。

019 为什么建议用中性水泡茶

科学实验表明，水的pH对茶汤的色泽、滋味有较大影响（pH小于7时，水偏酸性；pH大于7时，水偏碱性；pH等于7时，水呈中性）。当水呈中性或偏酸性时，茶汤颜色鲜亮，碱性水（pH大于7）泡茶茶汤呈暗褐色。因此，建议使用中性及偏酸性水泡茶。

020 用自来水能泡出好喝的茶吗

自来水经过简单处理，也能泡出好喝的茶。

用自来水沏茶，最好用无污染的容器先贮存一天，待氯气散发后再煮沸沏茶，或者使用净水器、滤水壶等将水净化，使之成为较好的沏茶用水。

021 泡茶都要用沸水吗

冲泡乌龙茶、普洱茶等，必须用沸水冲泡。一般泡茶前还要用开水烫热茶具，冲泡后在壶外淋开水。少数民族饮用砖茶，则要求水温更高，需将砖茶敲碎，放在锅中熬煮。近几年比较流行的老白茶也可以煮着喝，风味独特。但不是所有茶叶都用沸水冲泡，有些原料细嫩的茶，就需要水沸腾后降降温再冲泡。

022 烧水时如何判断水是否沸腾

《茶经》中所描述的，是靠看气泡判断水温："其沸，如鱼目微有声，为一沸；缘边如涌泉连珠，为二沸；腾波鼓浪，为三沸。"

现在煮水判断水温有多种方法，有人听声音，有人用手轻触或靠近煮水器的外表判断水温等，其中看蒸汽冒出判断水是否沸腾较为准确。另外最直接的方法，是使用自动控温的随手泡，或使用温度计测量水温。

023 为什么有的茶冲泡前要把开水晾一下再泡

先晾水

一些原料细嫩的名茶，特别是高档的名优绿茶，一般用80～85℃的水冲泡为好。这样的温度才能泡出汤色清澈、香气纯正、滋味鲜爽、不苦涩、叶底明亮的好茶汤。

024 用水温过高、水温过低的水泡茶后会出现什么情况

如果泡茶水温过高，茶叶会被烫熟，叶底变成菜黄色，失去观赏价值，茶汤也会变黄，茶中所含优质维生素等营养成分会遭到破坏，同时咖啡因、茶多酚等会过快浸出，使茶汤产生苦涩的味道。

如果泡茶水温过低，则会造成茶叶轻浮于水面，茶叶中的有效成分难以浸出，茶汤稀薄，味道寡淡。

茶叶

茶在中国有着五千多年的历史，中国不仅是最早发现茶树、栽培茶树的国家，也是最早以茶为食、为饮的国家。中国成品茶有上千种，茶叶品种之多为其他国家所不及。所谓好茶，不是贵茶，泡好茶首先要懂得茶。

025 公认的名茶有哪些

公认的中国名茶有：西湖龙井、洞庭碧螺春、信阳毛尖、黄山毛峰、太平猴魁、六安瓜片、安溪铁观音、凤凰水仙、大红袍、正山小种、祁门红茶、白毫银针、君山银针、普洱茶、六堡茶等。

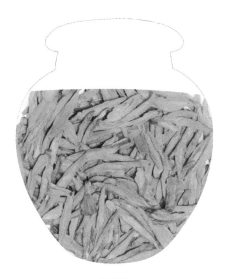

龙井茶

信阳毛尖

黄山毛峰

洞庭碧螺春

太平猴魁

六安瓜片

安溪铁观音

凤凰水仙

祁门红茶

君山银针

○26 茶叶有哪几种分类方法

茶叶类别的划分有很多种。

根据干茶颜色分为：绿茶、黄茶、白茶、乌龙茶、红茶与黑茶；

根据茶叶生产加工方法分为：毛茶（初制茶）与成品茶（精制茶）；

根据茶叶发酵程度分为：不发酵茶（绿茶）、半发酵茶（轻发酵：白茶，重发酵：东方美人茶）、全发酵茶（红茶）与后发酵茶（黑茶）；

按采茶季节分为：春茶、夏茶、秋茶和冬茶，春茶又分为明前茶和雨前茶，即清明前采摘和谷雨前采摘的茶；

根据焙火分为：轻焙火茶、中焙火茶、重焙火茶等。

最常用的茶叶分类法，是按加工工艺把茶叶分为基本茶类和再加工茶类。基本茶类包括绿茶、黄茶、白茶、乌龙茶、红茶与黑茶；再加工茶包括花茶、紧压茶、非茶之茶与含茶饮料等。

绿 茶

○27 什么是绿茶

绿茶是一种不发酵茶，为我国产量最大的茶类，产区分布于各产茶省、市、自治区。其中以江苏、浙江、安徽、四川等省产量高、质量优，是我国绿茶生产的主要基地。

绿茶是以适宜茶树的新梢为原料，经杀青、揉捻、干燥等典型工艺制成的茶叶。其干茶色泽和冲泡后的茶汤、叶底以绿色为主调，故名绿茶。另外，绿茶还是生产花茶的主要原料。

绿茶

028 绿茶的特点是什么

① 产茶季节：绿茶采茶季为每年春、夏、秋三季，名优绿茶大多只采制春茶。绿茶以清明（4月5日）前至谷雨（4月20日）采制的品质最佳。

② 原料：茶树的嫩芽、嫩叶。

③ 主要加工工艺：茶青→杀青→揉捻→干燥→毛茶。

④ 外观颜色：干茶以绿色为主（但因产茶区环境、地理位置不同，茶叶的颜色会有变化，如翠绿色、黄绿色、碧绿色、墨绿色等）。

⑤ 茶汤颜色：以绿色为主，黄色为辅。

⑥ 香气滋味：清新的豆香、花香、栗香等，不同品种的绿茶香气也有所不同，滋味淡微苦。

⑦ 茶性：寒凉。

⑧ 适合人群：年轻人、电脑工作人员、吸烟饮酒的人。

029 绿茶是怎样加工的

绿茶的主要工艺为：

① 杀青：用高温破坏茶叶中氧化酶的活性，抑制鲜叶中茶多酚等物质氧化，使茶叶的色、香、味稳定下来。杀青的方法有炒青、烘青、蒸青、晒青等，以炒青、烘青为主。

② 揉捻：将茶叶中的叶细胞揉碎，使茶汁易于浸出，改变茶叶的形状。

③ 干燥：让茶叶干燥，使茶叶中水分的含量为3%～5%，以利于茶叶的保存。干燥方式为炒干、烘干、晒干等，以炒干、烘干为主。

030 绿茶一般如何分类

通常按照杀青和干燥方式，将绿茶分为四种：炒青绿茶、烘青绿茶、晒青绿茶、蒸青绿茶。

031 什么是炒青绿茶

杀青、干燥的方式为锅炒的绿茶即为炒青绿茶。根据原料嫩度分为长炒青、圆炒青、细嫩炒青等。

长炒青即为长条形炒青绿茶，经精加工的长炒青统称"眉茶"；圆炒青也叫"圆茶"，主要品种有珠茶、涌溪火青等；细嫩炒青以细嫩芽叶加工而成，外形有扁平、尖削、圆条、直针、卷曲、平片等，多属历史名茶，如西湖龙井、洞庭碧螺春、六安瓜片、老竹大方、安化松针、信阳毛尖等。

绿茶中有一些是半烘炒绿茶，为了保持叶形完整，最后干燥工序需进行烘干。

032 什么是烘青绿茶

直接烘干的绿茶称为烘青绿茶。烘青绿茶是用烘笼烘干的，根据原料嫩度和工艺可分为普通烘青和细嫩烘青。

细嫩烘青绿茶中品质特优的名茶有黄山毛峰、太平猴魁、敬亭绿雪、雁荡毛峰、高桥银峰、华顶云雾、仰天雪绿等。

普通烘青茶多用于窨制花茶。

炒青绿茶—龙井（上图）
烘青绿茶—黄山毛峰（下图）

晒青绿茶—滇青

033 什么是晒青绿茶

晒青绿茶是锅炒杀青后用日光进行晒干的。晒青绿茶多作为加工黑茶的原料茶，在湖南、湖北、广东、广西、四川、云南、贵州等地出产。

晒青绿茶以云南大叶种绿茶的品质最好，被称为"滇青"，是制作普洱茶的原料；其他如川青、黔青、桂青、鄂青等各具特色。

034 什么是蒸青绿茶

以蒸汽杀青是我国古代的杀青方法，利用蒸汽来破坏鲜叶中酶的活性，形成干茶色泽深绿、茶汤浅绿和茶底青绿的"三绿"品质特征。唐朝时传至日本并沿用至今。蒸青绿茶香气较闷，带青气，涩味也较重，不如锅炒杀青的绿茶鲜爽。我国生产少量蒸青绿茶，主要品种为产于湖北恩施的恩施玉露，此外，浙江、福建和安徽也有出产。

蒸青绿茶—恩施玉露

035 怎样辨别绿茶的优劣

绿茶品质的优劣可以从以下几方面判断：

①外形：茶叶的外形、色泽是判定茶叶品质的重要因素，包括茶叶的嫩度、净度、匀度、色泽等。

②香气：即茶香，以花香、果香、板栗香、豆香等香气为佳。

③滋味：茶汤醇厚、鲜爽者说明水浸出物含量多，茶叶品质好。

④汤色：也称"水色"，如绿茶的汤色清碧明亮。

⑤叶底：叶底可以体现茶叶质感及老嫩程度。色泽明亮且质地一致，说明制茶工艺良好；叶底的芽尖及组织细密、柔软、多毫则说明茶叶嫩度高。

036 绿茶中最有名的茶有哪些

绿茶中最有名的茶有：西湖龙井、洞庭碧螺春、信阳毛尖、黄山毛峰、太平猴魁、六安瓜片、竹叶青、安吉白茶、南京雨花茶等。

037 西湖龙井的产地和特点是什么

西湖龙井茶是我国第一名茶，产于浙江省杭州市西湖山区，以狮峰、龙井、云栖、虎跑、梅家坞出产的龙井茶最佳，故有"狮""龙""云""虎""梅"五品之称。

龙井茶的品质特点为色绿光润，形似碗钉，匀直扁平，香高隽永，味爽鲜醇，汤澄碧翠，芽叶柔嫩。因产区不同，品质略有不同，如狮峰所产龙井色泽黄绿，如糙米色，香高持久，味醇厚；梅家坞所产龙井色泽较绿润，味鲜爽口。

龙井

038 洞庭碧螺春产地与其他茶产区不同之处是什么

碧螺春是我国名茶中的珍品，人称"吓煞人香"。洞庭碧螺春创制于明末清初，出产于江苏苏州吴县西南的太湖洞庭东山和洞庭西山。太湖中的东西山为我国著名的茶果间作区，桃、杏、李、枇杷、杨梅、橘等果树与茶树混栽，茶和果树的根脉相通，茶能饱吸花果香，这是其他茶产区所不具有的特异之处。

039 为什么说洞庭碧螺春堪称最细嫩的茶

碧螺春生长在良好的自然环境中，采摘有三大特点：一早、二嫩、三拣得净，以春分至清明前采制的最为名贵。优质洞庭碧螺春茶每500克有6万到8万个芽头，堪称最细嫩的绿茶。

上等的碧螺春茶外形条索纤细，卷曲呈螺，茸毛披覆，银绿隐翠，香气浓郁，有天然的花果香气，茶汤嫩绿清澈，滋味鲜醇甘厚，银毫翻飞，花香鲜爽，滋味醇和，叶底柔匀，嫩绿明亮，有一嫩（芽叶）三鲜（色、香、味）之称。

040 太平猴魁的特点是什么

太平猴魁原料的采摘标准极为严格，杀青、整形的工艺要求很高，所以上品猴魁的产量非常少。

碧螺春

多毫、银绿隐翠

成品茶的特点为：

① 形状：太平猴魁外形扁展挺直，魁伟壮实，两叶抱一芽，匀齐，毫多不显，苍绿匀润，部分主脉暗红；有"猴魁两头尖，不散不翘不卷边"之称。

② 香气：兰花香高爽，香气持久。

③ 颜色：干茶苍绿匀润，部分主脉暗红；汤色嫩绿明亮。

④ 滋味：鲜爽醇厚，回味甘甜，独具"猴韵"。

⑤ 叶底：嫩匀肥壮，成朵，嫩黄绿鲜亮。

太平猴魁

041 为什么太平猴魁茶条很长却仍旧鲜嫩

太平猴魁创制于1900年，原产于安徽省黄山区新明乡猴坑、猴岗、颜家一带，茶园面积仅30多公顷。产区内最高峰凤凰尖海拔750米。这里依山濒水，林茂景秀，湖光山色交融映辉。茶园多分布在25°～40°的山坡上，具有得天独厚的生态环境。产区年平均温度14～15℃，年平均降水量1650～2000毫米，土壤多为千枝岩、花岗岩风化而成的乌沙土，土层深厚肥沃，通气透水性好，茶树生长良好，芽肥叶壮，持嫩性强，所产茶叶茶条长大，非常鲜嫩。

杯泡猴魁

黄山毛峰

黄山毛峰叶底

042 黄山毛峰的产地和特点是什么

黄山毛峰是1875年前后（光绪年间）由谢裕泰茶庄创制。黄山是我国东部的最高峰，历史上黄山风景区内的桃花峰、紫云峰、云谷寺、松谷庵、慈光阁一带为特级黄山毛峰产区，周边的汤口、岗村、杨村、芳村是重要产区，有四大名家之称。现扩展到黄山市的三区四县。茶树品种为黄山种，有性系大叶类，抗寒力最强，适制烘青绿茶。

黄山毛峰是我国毛峰之极品，其采摘标准为一芽一叶初展。成品茶特点为干茶形似雀舌，色如象牙，鱼叶金黄，匀齐壮实，锋显毫露；茶汤清澈微黄，香气清新、高长，滋味鲜浓甘甜；叶底嫩黄，肥壮成朵。

043 信阳毛尖的产地和特点是什么

信阳毛尖产于河南省大别山区的信阳县，茶园主要分布在车云山、集云山、云雾山、震雷山、黑龙潭等群山峡谷之间。这里群峦叠嶂，溪流纵横，云雾弥漫，景色奇丽。独特的地形、气候滋养孕育出肥壮柔嫩的茶芽，造就了信阳毛尖独特的风味特征。

信阳毛尖一般自4月中下旬开采，以一芽一叶或一芽二叶初展为特级和1级毛尖，一芽二三叶制2～3级毛尖。

信阳毛尖成品茶特点为茶叶外形细、圆紧、直、光、多白毫；内质清香，汤绿叶浓。

信阳毛尖

六安瓜片

044 六安瓜片最早的记载出现于何时

六安瓜片历史悠久，早在唐代，书中就有记载。茶叶称为"瓜片"，是因茶叶呈瓜子形、单片状。六安瓜片色泽翠绿、香气清高、味道甘鲜，明代以前就是供宫廷饮用的贡茶。据《六安州志》载："天下产茶州县数十，惟六安茶为宫廷常进之品。"

045 六安瓜片的产地和特点是什么

六安瓜片的产地主要在安徽省金寨、六安、霍山等地，以金寨的齐云瓜片为最佳，齐云山蝙蝠洞所产的茶叶品质最优，用开水冲泡后清香四溢。

六安瓜片采摘以对夹二三叶和一芽二三叶为主，经生锅、熟锅、毛火、小火、老火5道工序制成。成品茶形似瓜子形的单片，自然平展，叶缘微翘，大小均匀，不含芽尖、芽梗，色泽绿中带霜（宝绿）。

046 安吉白茶为什么是绿茶

安吉白茶属于绿茶类，虽然名称里有个"白"字，但却不是白茶类。

安吉县位于浙江省北部，这里山川隽秀，绿水长流，是我国著名的竹子之乡。1982年，人们偶然在安吉的一处山谷里发现了一株白茶古茶树，自此以后，安吉白茶日渐被人们所认识和开发。

安吉白茶茶树的颜色明显较浅。茶树茶芽颜色会随着时令发生变化：清明前的嫩叶是灰白色的；到了谷雨，嫩叶会逐渐转绿，直到全绿。安吉白茶的产茶期较短，一般只有一个月左右，这使得安吉白茶更显娇贵。

安吉白茶与中国六大茶类中"白茶类"中的白毫银针、白牡丹不同。白毫银针、白牡丹是用绿色多毫的嫩叶制作成的白茶，归类为白茶是由其加工方式决定。而安吉白茶是一种特殊的白叶茶品种，色白是由品种而来，采用绿茶的加工方式制成。安吉白茶既是茶树的珍稀品种名，也是茶叶名。

047 安吉白茶的特点是什么

早春安吉白茶幼嫩芽呈玉白色，以一芽二叶为最白；春茶后期随气温升高，光照增强，叶色逐渐转为花白相间；气温超过29℃，夏秋茶芽则为绿色。

安吉白茶叶底

安吉白茶

安吉白茶有个白化的过程，气温达到特定值时白化最好，氨基酸含量最高，这时采摘的安吉白茶内质最好。安吉白茶一年采一次，采摘时间20天左右，采摘时间需视气温而定。

精品安吉白茶外形似凤羽，条直显芽，芽壮匀整，嫩绿鲜活，透金黄，冲泡后叶白、脉绿，"叶白脉绿"是安吉白茶叶底的标志特点。安吉白茶经生化测定，氨基酸含量高达10.6%，为普通绿茶的2倍以上，茶多酚含量则在10%～14%，故茶汤口感非常好，不苦不涩，清香扑鼻。

048 缙云黄芽是黄茶吗

缙云黄芽产于浙江缙云，虽然叫"黄芽"，但它却属于绿茶类，名为黄芽，是由于制茶原料采自茶树黄花品种"中黄一号"，制成的缙云黄芽叶片鹅黄，汤色黄亮，滋味甘醇。

玄米茶

抹茶

049 绿茶中对人体健康有益的成分有哪些

茶叶中的主要成分为茶多酚、糖类、蛋白质、生物碱、维生素、氨基酸、矿物质等。

① 茶多酚：是茶叶中的多酚类化物质的总称，其主要作用是抗氧化。

② 糖类：茶叶中有葡萄糖、果糖等单糖，也有蔗糖、麦芽糖等双糖。

③ 蛋白质：含量约20%。但基本不溶于茶汤。

④ 生物碱：包括茶碱、可可碱、咖啡因。

⑤ 维生素：维生素是机体维持正常代谢功能所必需的一种物质，茶中含有十多种水溶性和脂溶性维生素。

⑥ 氨基酸：含量不高但种类很多。其中茶氨酸含量最高，其次是人体必需的赖氨酸、谷氨酸、蛋氨酸。氨基酸易溶于水，决定茶汤的鲜爽度。

⑦ 矿物质：茶叶中含多种人体所必需的矿物质元素。

050 饮用绿茶对身体有什么好处

绿茶较多地保留了鲜叶中的天然物质。鲜叶中85%以上的茶多酚、咖啡碱得以保留，叶绿素保留50%左右，维生素损失也较少，从而形成了绿茶清汤绿叶、滋味鲜爽、收敛性强的特点。科学研究结果表明，绿茶中保留的天然物质成分，其抗衰老、防癌、杀菌、消炎等方面的作用为其他茶类所不及，适合年轻人、电脑工作人员、吸烟饮酒的人饮用。

红 茶

051 什么是红茶

红茶在创制之初被称为"乌茶"。红茶是全发酵茶，因冲泡后的茶汤、茶叶以红色为主调，故得此名。在全球茶叶贸易中，红茶占第一位，其次才是绿茶、乌龙茶等。近年来，中国喜欢泡饮红茶的人大大增多。

红茶分为工夫红茶和红碎茶，鲜叶质量的优劣直接关系到成品红茶的品质。

红茶

红茶叶底

生产红茶首先要使用适制红茶的茶树品种的鲜叶，如云南大叶种，叶质柔软肥厚，茶多酚类化合物等化学成分含量较高，制成的红茶品质特别优良。海南大叶、广东英红一号以及江西宁州种等都是适制红茶的好品种。红茶的鲜叶品质由鲜叶的嫩度、匀度、净度、鲜度4方面决定。

052 红茶的特点是什么

红茶在加工过程中发生了以茶多酚酶促氧化为中心的化学反应，鲜叶中的化学成分变化较大，茶多酚减少90%以上，产生了茶黄素、茶红素等新的成分；香气物质大量增加；咖啡因、儿茶素和茶黄素结合成滋味鲜美的物质，从而形成了红茶、红汤、红叶和香甜味醇的品质特征。

① 产茶季节：多为春、夏二季采制，如滇红每年从3月始11月止。

② 原料：通常采摘一芽二叶到三叶，且叶片的老嫩程度需一致。

③ 主要加工工艺：茶青→萎凋→揉捻→渥红→干燥→毛茶。

④ 干茶：干茶暗红褐色，芽头金黄色、多毫，外形多为条形和颗粒状。

⑤ 茶汤颜色：红艳明亮。

⑥ 香气滋味：有花香、蜜香、花果香、甜香、焦糖香等，滋味醇厚、略带涩味。

⑦ 茶性：温和，对肠胃刺激较小。

⑧ 适合人群：老年人、女性及肠胃较弱人群。

053 什么是渥红

渥红是红茶生产重要的发酵工艺，是使茶鲜叶以绿叶红变为主要特征的变化过程。经过发酵，茶叶叶色由绿变红，香气生成，形成红茶红叶红汤的品质特点。

054 中国红茶如何分类

按照制作方法，红茶可以分为以下几类：

① 工夫红茶：工夫红茶是我国传统的独特茶品。因采制地区不同，茶树品种有异，制作技术不同，又有祁红、滇红、宁红、川红、闽红、胡红、越红之分。

② 小种红茶：产于我国福建武夷山。由于小种红茶在加工过程中采用松柴火加温，进行萎凋和干燥，所以制成的茶叶具有浓烈的松烟香。因产地和品质的不同，小种红茶又有正山小种和外山小种之分。名品为正山小种等。

③ 红碎茶：红碎茶是国际茶叶市场的大宗茶品。红碎茶绝非普通红茶的碎末，而是在红茶加工过程中，将条形茶切成段细的碎茶而成，故命名为红碎茶。红碎茶要求茶汤味浓、强、鲜、香高，富有刺激性。因叶形和茶树品种的不同，品质亦有较大的差异。红碎茶的品质特点是：颗粒紧结重实，色泽乌黑油润；冲泡后，香气、滋味浓度好，汤色红浓，叶底红匀。

④ 袋泡茶：选用上等红碎茶配成后，装入过滤纸袋，饮用时连袋泡入杯中，不见叶渣，而色、香、味不减。每袋供一次饮用，饮后一并弃去，清洁卫生，饮用方便。名品如立顿红茶等。

红碎茶

工夫红茶——祁红

小种红茶——金骏眉

055 如何判断工夫红茶的品质

优质工夫红茶具有以下品质特点：

① 外形：条索紧细，成条状，匀齐。

② 色泽：干茶色泽乌润，富有光泽。

③ 香气：香气馥郁，甜浓。

④ 汤色：汤色红艳明亮，在白色瓷杯内茶汤边缘形成金黄圈的。

⑤ 滋味：滋味醇厚。

⑥ 叶底：叶底黄褐明亮。

056 如何判断红碎茶的品质

红碎茶的品质更注重茶的内质、汤味和香气，优质红碎茶具有以下
特点：

① 外形：颗粒卷紧，紧结重实，外形匀齐一致。

② 色泽：乌润或带褐红，油润。

③ 香气：香气高，具有果香、花香、蜜香，并具茶香。

④ 汤色：红艳明亮。

⑤ 滋味：汤质浓醇、强、鲜（浓厚、强烈、鲜爽）具备。

⑥ 叶底：叶底色泽红艳明亮、嫩度、柔软匀整。

057 如何判断小种红茶的品质

优质小种红茶应具备以下特质：

① 外形：条索肥壮重实。

② 色泽：色泽乌润有光泽。

③ 香气：香气高长，带松烟香。

④ 汤色：红而浓艳。

⑤ 滋味：滋味醇厚带桂圆味。

⑥ 叶底：叶底厚实，呈古铜色。

058 祁红的特点是什么

祁红产自安徽省祁门县，全称祁门工夫红茶，是中国十大名茶之一，也是我国传统工夫红茶中的珍品，有100多年生产历史，在国内外享有盛誉。国外将祁门红茶与印度大吉岭茶、斯里兰卡乌伐的季节茶并称为世界三大高香茶。

杯泡红茶

优质祁红的品质特点是：条索紧秀而稍弯曲，有锋苗，色泽乌黑泛灰光，俗称"宝光"。冲泡后香气浓郁高长，有蜜糖香，蕴含兰花香，素有"祁门香"之称，滋味醇厚，回味隽永，汤色红艳、明亮，叶底鲜红嫩软。

059 川红的特点是什么

川红产自四川省宜宾等地，全称川红工夫红茶，创制于20世纪50年代，是我国高品质工夫红茶的后起之秀，以色、香、味、形俱佳而闻名。

优质川红的品质特点是：条索肥壮、圆紧、显毫，色泽乌黑油润。冲泡后，香气清鲜带果香，滋味醇厚爽口，汤色浓亮，叶底红明匀整。近几年尤为流行。

060 闽红的特点是什么

闽红产自福建省，全称闽红工夫红茶，由于茶叶产地、茶树品种、品质风格不同，闽红工夫又分白琳工夫、坦洋工夫和政和工夫。闽红的特点为：

① 政和工夫：闽红三大工夫茶中的上品，外形条索紧结肥壮多毫，色泽乌润，汤色红浓，香高鲜甜，滋味浓厚，叶底肥壮红匀。

②坦洋工夫：外形细长匀整，带白毫，色泽乌黑有光，香味清鲜甜和，汤鲜艳呈金黄色，叶底红匀光滑。

③白琳工夫：外形条索细长弯曲，茸毫多叶，色泽黄黑，汤色浅亮，香气鲜纯有毫香，味清鲜甜，叶底鲜红带黄。

061 正山小种的特点是什么

正山小种是红茶的鼻祖，世界上最早的红茶由中国福建武夷山茶区的茶农创制。正山小种产自福建省桐木关。

优质正山小种的品质特点是：外形条索肥壮重实，色泽乌润有光。冲泡后，香气高长带松烟香，滋味醇厚带桂圆味，汤色红浓，叶底厚实，呈古铜色。现在有些正山小种因环境保护等原因，加工中不再用松烟熏制，因而有些正山小种红茶没有松烟香。

正山小种

正山小种茶水

062 金骏眉的特点是什么

金骏眉的原料为武夷山国家级自然保护区内、海拔1500~1800米高山的原生态小种野茶鲜叶，仅采摘芽尖部分，由熟练的采茶工手工采摘，每天只能采芽尖约2000颗，之后结合正山小种传统工艺，由制茶师傅全程手工制作，每500克金骏眉有数万颗芽尖。

金骏眉的品质特点是：干茶外形细小而紧秀，颜色为金、黄、黑相间，细看，金黄色的为茶的绒毛、嫩芽，汤色金黄，香气滋味似果、蜜、花、薯等综合香型，滋味鲜活甘爽，喉韵悠长，沁人心脾，十余泡口感仍然饱满甘甜，叶底舒展后，芽尖鲜活，秀挺亮丽，为可遇不可求的茶中珍品。

金骏眉

063 世界主要红茶产地是哪几个国家

世界主要出产红茶的国家为印度、斯里兰卡、肯尼亚、印度尼西亚和中国。

064 世界最著名的四大红茶是哪四种

① 祁门红茶，产自中国。祁门红茶简称祁红，产于安徽省祁门县，是我国传统工夫红茶的珍品，创制于19世纪后期，是世界三大高香茶之一，有"茶中英豪""群芳最""王子茶"等美誉，主要出口英国、荷兰、德国、日本、俄罗斯等几十个国家和地区，多年来一直是我国的国事礼品茶。

② 大吉岭红茶，产自印度。大吉岭红茶产于印度西孟加拉省北部喜马拉雅山麓的大吉岭高原一带。大吉岭红茶以5～6月的二号茶品质为最优，被誉为"红茶中的香槟"。其汤色橙黄，气味芬芳高雅，上品大吉岭红茶因带有葡萄香而独具特色。大吉岭红茶口感细致柔和，适合春秋季饮用，也适合做成奶茶、冰茶及各种花式茶。大吉岭红茶制作工艺以传入印度的正山小种制作工艺为基础加以改进形成。

③ 斯里兰卡红茶，产自斯里兰卡。斯里兰卡旧称"锡兰"，锡兰高地红茶以乌沃茶最为著名，产自斯里兰卡山岳地带的东侧。

④阿萨姆红茶，产自印度。阿萨姆红茶产自印度东北阿萨姆喜马拉雅山麓的阿萨姆溪谷一带。阿萨姆红茶茶叶外形细扁，色呈深褐；汤色深红稍褐，带有淡淡的麦芽香、玫瑰香，滋味浓烈，是冬季饮茶的佳选。

065 台湾省出产的红茶有哪些

2000年之后，台湾省也进入了"红茶的时代"，台湾各茶区出产的红茶具有特殊香气与甘醇的滋味，深受好评，如日月潭红茶、阿里山红茶、梨山红茶、桃映红茶、宜兰红茶、花莲蜜香红茶以及红玉红茶、台北红茶等。

066 饮红茶有什么好处

饮用红茶有以下益处：

①利尿。在红茶中的咖啡因和芳香物质的联合作用下，肾脏的血流量增加，促进排尿。

②消炎杀菌。茶中的多酚类化合物具有消炎的作用，所以细菌性痢疾及食物中毒患者喝红茶颇有益，民间也常用浓茶涂抹伤口、褥疮和脚气等。

③强壮骨骼。2002年5月13日美国医师协会发表对男性497人、女性540人10年以上调查，指出饮用红茶的人骨骼更强壮，红茶中的多酚类物质（绿茶中也有）有抑制破坏骨细胞物质的活力。

④抗衰老。茶的抗氧化作用对心脏健康尤其有益。美国杂志报道，红茶抗衰老效果强于大蒜、西兰花和胡萝卜等。

⑤养胃护胃。红茶是全发酵茶，不仅不会伤胃，反而能够养胃。经常饮用加糖、加牛奶的红茶，能保护胃黏膜。

⑥抗癌。一般认为茶叶有抗癌作用主要是表现于绿茶上，研究发现，红茶同绿茶一样，同样有很强的抗癌功效。

⑦舒张血管。心脏病患者每天喝4杯红茶，可增加血管舒张度。日本

大阪市立大学实验指出，饮用红茶一小时后，心脏的血管血流速度有所改善，红茶有较强的防治心梗效用。

067 什么季节适合饮红茶

冬季最适合饮用红茶，因为红茶味甘性温，善蓄阳气，生热暖腹，可以增强人体对寒冷的抗御能力。同时饮用红茶可去油腻，助消化，开胃口，助养生。

068 什么样的人适合喝红茶

红茶尤其适合老年人、胃不好、心脏不好的人，失眠者及女性饮用，特别是经期、孕期以及更年期女性。红茶含丰富的类黄酮化合物和钾元素。类黄酮具有很强的抗氧化作用，而钾对心脏保健有益。红茶是全发酵茶，温和不刺激，可以帮助胃肠消化、促进食欲，可利尿、消除水肿，并增强心肌功能；红茶的抗菌力强，用红茶漱口可预防滤过性病毒引起的感冒，并预防蛀牙。

杯泡红茶

069 红茶冷却后为什么会变浑

"冷后浑"是优质红茶的特征之一，出现这种现象是由于红茶中部分溶于热水的物质（茶黄素、茶红素）因水温降低而冷凝，使茶汤看上去有些浑浊。加入沸水使水温升高后，茶汤就会恢复明亮。

070 "工夫红茶"和"工夫茶"的区别是什么

工夫红茶：因初制时特别注重条索的完整紧结，需费时费工而得名。

工夫茶：是指茶的一种冲泡方法，因为这种冲泡方法极为讲究，操作起来需要有一定的"工夫"。

071 你知道英国人有"红茶情结"吗

英国人有喝下午茶的风俗。"当钟敲响四下，世上一切为茶而停"，每天下午4点左右，无论多忙，英国人都要放下手头的工作，一边喝茶，一边吃些点心，稍稍休息。

下午茶有固定时间，但并不意味着英国人喝茶的时间仅限于下午。很多英国人习惯早晨起床空腹喝一杯早茶提神醒脑，早餐时喝加奶的红茶。上午11点左右，要饮红茶佐茶点。午后13时左右的午餐中，奶茶也是必不可少的，再加上下午茶以及晚饭后的饮茶，这些都已成为英国人的日常习俗。英国人对红茶可谓情有独钟。

红茶、奶茶

黑 茶

072 什么是黑茶

黑茶是我国六大茶类之一，属于后发酵茶，是我国特有的茶类。黑茶生产历史悠久，以制成紧压茶边销为主，主要产于湖南、湖北、四川、云南、广西等地。由于黑茶的原料比较粗老，制造过程中往往要渥堆发酵较长时间，所以叶片大多呈现暗褐色，因此被人们称为"黑茶"。其中以云南普洱茶、广西六堡茶较为著名。

黑茶

073 何为"后发酵"

后发酵就是经过晒青、杀青、干燥后，茶叶在湿热作用下再进行发酵，如黑茶的重要工艺渥堆发酵，就是在湿热的条件下堆放茶叶，促进茶叶发生物理和化学变化，形成黑茶的品质特征。普洱生茶自然陈化的过程也是一种缓慢的后发酵。

074 黑茶的特点是什么

① 原料：多由粗老的梗叶制成。

② 颜色：干茶呈黑褐色。

③ 香气：具有纯正的陈香。

④ 汤色：不同的黑茶呈橙黄色、橙红、枣红色等茶水色。

⑤ 滋味：醇厚、陈香、回甘好。耐存放。

075 黑茶的种类有哪些

黑茶通常按出产地分类。黑茶主要可分为湖北黑茶、湖南茯茶、四川边茶、广西六堡茶及云南普洱茶。

076 普洱茶如何界定

普洱茶是以云南省一定区域内的云南大叶种晒青毛茶为原料，经过后发酵加工而成的散茶和紧压茶。普洱茶需符合三个条件：

① 使用云南一定区域内的大叶种茶树鲜叶。

② 以日晒干燥的晒青毛茶为原料。

③ 经过后发酵加工而成。

077 什么是普洱茶熟茶和普洱茶生茶

以业界的普洱茶标准界定，"普洱茶"应仅指经过后发酵的普洱茶"熟茶"。但习惯上，人们称未经发酵的普洱茶（即晒青茶，未经发酵，本应划归绿茶类）为普洱生茶。

普洱茶熟茶饼

普洱茶生茶饼

078 普洱茶生饼是如何制作的

普洱茶生饼加工工艺为：云南大叶种茶鲜叶→萎凋→杀青→揉捻→晒干→蒸压成饼→干燥摊晾。

生茶茶性较刺激，放多年后茶性会较温和，普洱老茶通常是指由生茶经自然发酵，陈放多年的普洱茶。

普洱茶生茶茶汤

普洱茶生饼

079 普洱茶的熟茶工艺是何时形成的

普洱茶的主要工艺是渥堆发酵。1973年，中国茶叶公司云南茶叶分公司根据市场发展的需要，最先在昆明茶厂试制普洱茶熟茶，后在勐海茶厂和下关茶厂推广生产工艺。渥堆发酵加速了普洱茶的陈化。渥堆夺去了普洱茶的一些东西，也赋予了普洱茶一些有益的元素，使茶性更加温和。经过后发酵，普洱茶干茶呈深褐色，汤色红浓明亮，陈香香气独特，滋味醇厚回甘，叶底红褐均匀。

普洱茶熟茶的工艺为：云南大叶种茶鲜叶→萎凋→杀青→揉捻→晒干→蒸压→干燥→湿水渥堆发酵→反复翻堆→出堆→解块→干燥→分级→蒸压成茶饼→干燥摊晾。

080 如何判断普洱茶熟茶的品质

普洱茶熟茶外形条索粗壮肥大，色泽乌润，滋味醇厚回甘，具有陈香。优质普洱茶应具有以下特征：

① 外观：干茶匀整，紧压茶松紧适度，呈棕红、棕褐色。

② 汤色：优质的普洱茶汤色明亮。

③ 香气：主要辨别香气的纯度，一定要区别霉味和陈香味。霉味是一种变质的味道，陈香味是普洱茶在后发酵过程中，多种化学成分在微生物和酶的作用下形成的新物质产生的一种综合香气，似桂圆香、红枣香、槟榔香等，总之是令人愉快的香气。普洱茶香气达到较高境界即为普洱茶的陈韵。如有霉味、酸味或其他异味均为不正常。

④ 滋味：滋味醇和、爽滑、回甘。刺激性不强，没有涩味，口感舒服。

⑤ 叶底：生茶叶底为青栗色或深栗色，叶条质地饱满柔软，弹性好，有光泽；熟茶叶底为暗栗色或黑色。

普洱茶熟茶茶饼

普洱茶熟茶茶汤

081 普洱茶紧压茶外形有哪些种类

普洱茶紧压茶依干茶外形可分为：

① 饼茶：扁平圆盘状，其中七子饼每块净重357克，每7个为一筒，故名"七子饼"，每筒净重2500克。

② 沱茶：形状跟碗臼一般，每个净重100~250克。现在还有迷你小沱茶，每个净重2~5克。

③ 砖茶：长方形或正方形，250克、1000克一块的居多，制成这种形状主要是为了运输方便。

④ 金瓜贡茶：压制成大小不等的南瓜形，从100克到数千克一个的均有。

⑤ 散茶：制茶过程中未经过紧压成型，茶叶为散条形的普洱茶。散茶有用整张茶叶制成的条索粗壮肥大的叶片茶，也有用芽尖部分制成的细小条状的芽尖茶。

⑥ 各种形状：如心形、匾额形、壁挂等。

金瓜茶　　　　　　　　螃蟹脚　　　　　　　　小沱茶

普洱茶散茶　　　　　　普洱砖茶

普洱茶生茶　　　　　　　　　　　　存放几年后的普洱茶生茶

082 普洱茶生茶不适合什么人饮用

普洱茶用云南大叶种茶鲜叶制成，大叶种茶内含物质丰厚，故生茶（绿茶特性）比较刺激，喝生茶不宜泡得太浓。肠胃不好、易失眠的人、老年人、儿童和生理期、怀孕、哺乳期女性慎饮生茶。

083 喝普洱熟茶有什么益处

普洱茶有助于降脂、减肥，能增强肠胃消化功能，提高机体免疫力，调节血压、血糖，有抗癌、健齿护齿、抗衰老等作用。

084 普洱茶如何存放

受"普洱茶越陈越香"舆论的影响，许多人喜爱存放普洱茶。存放普洱茶最好选择紧压茶。

普洱茶的存放比较容易，一般情况下，只要不受阳光直射和受潮，在干燥、无光、通风、无杂味、异味的环境里放置即可。有条件的，可以将熟茶放在干净、无异味并且透气性好的大陶罐里，几年内茶气不会消散。

085 与普洱茶有关的茶品有哪些

与普洱茶有关的茶品有：

① 普洱茶膏。普洱茶膏是把发酵后的普洱茶通过特殊的方式分离出茶

汁，将获得的茶汁进行再加工，制成的固态速溶茶。茶膏的外形如焦似炭，凝练了普洱茶所有的香气与滋味，具有普洱茶所有的有益成分和保健功效。

②普洱茶茶头。在人工发酵中，因为温度、湿度、翻堆等原因，部分普洱茶毛茶结块，不容易解散而形成块状普洱茶，茶厂会将这些茶块捡出，即为茶头。普洱茶茶头具有生茶和熟茶特色兼具的香气和滋味，具有一定特色。

③螃蟹脚。螃蟹脚是一种茶树寄生植物，因形为节状并且带毫如螃蟹的腿，故被当地人称为"螃蟹脚"。据说只有上百年的古茶树上才有螃蟹脚，它吸收了茶树的养分，具有与普洱茶类似的淡淡香气。

④菊普茶。菊普茶是将菊花和普洱茶一起冲泡而成的一种茶，在广东、福建深受欢迎。冲泡方法是在冲泡熟普的基础上加上数朵菊花，菊花香能中和普洱茶的厚重感。

⑤橘普茶。用新会柑皮与熟普洱加工而成，兼有茶的陈香和陈皮的清香，是近来颇受欢迎的普洱茶品种。

086 这些与普洱茶相关的词汇是什么意思

①内飞：1950年之前的"古董茶"内通常都有一张糯米纸，印上名称，就是"内飞"。

②印级茶：茶叶包装纸上"茶"字以不同颜色标示，有红字的红印、绿字的绿印、黄字的黄印。

③干仓：指普洱茶存放于通风、干燥及清洁的仓库，其存放的普洱茶叶为自然发酵，发酵期较长。

④湿仓：通常指把普洱茶放置在较潮湿的地方，以加快其发酵的速度。

⑤茶号：为辨别茶的生产年代、级别、生产厂家而生成的数字，如7581、7542、7572，称为"茶号"。前两位数字代表工艺形成的年份；第三个数为该茶原料级别，1～9级品质由高至低；最后一位数为茶厂代号，

"1"为昆明茶厂，"2"为勐海茶厂，"3"为下关茶厂，"4"为普洱茶厂。

如"7542"即为由勐海茶厂生产的，沿用1975年发酵工艺，4级原料拼配的普洱茶。

087 什么是茯茶

茯茶是黑茶中的一个品种，产自湖南，于1860年前后问世。

茯茶早期称"湖茶"，因在伏天加工，故又称"伏茶"。茯茶紧压成砖形，即茯砖。制作茯砖茶要经过原料处理、蒸汽渥堆、压制定型、发花干燥、成品包装等工序。

088 茯砖的特点是什么

茯砖茶外形为长方砖形，特制茯砖砖面色泽黑褐，内质香气纯正，滋味醇厚，汤色红黄明亮，叶底黑褐尚匀；普通茯砖砖面色泽黄褐，内质香气纯正，滋味醇和尚浓，汤色红黄尚明，叶底黑褐粗老。

优质茯砖茶茶汤红而不浊，香清不粗，味厚不涩，口劲强，耐冲泡。特别是砖内金黄色霉菌颗粒大，干嗅有黄花清香，能较好地降脂解腻，能养胃、健胃。产地居民多有保存几片茯砖的习惯，遇有腹痛或拉痢，老人习惯以茯砖代药。

茯砖内部

茯砖茶水

089 优质六堡茶的特点是什么

六堡茶产于广西梧州市苍梧县六堡乡，属黑茶类，因原产地六堡乡而得名。

六堡茶干茶色泽黑褐，茶汤红浓明亮，滋味醇厚、爽口回甘，香气陈醇，有槟榔香，叶底红褐，耐存放，越陈越好。久藏的六堡茶发"金花"（一种有益菌），这是六堡茶品质优良的表现。

篓中的六堡茶

090 黑茶的保健作用有哪些

黑茶流行的一个重要原因是其对人体的保健、调节作用。

① 降脂减肥，保护心脑血管。黑茶中的茶多酚及其氧化产物能促进脂肪溶解并排出，降低血液中总胆固醇、游离胆固醇、低密度脂蛋白胆固醇及三酸甘油酯的含量，从而减少动脉血管壁上的胆固醇沉积，降低动脉硬化的发病率。

② 增强肠胃功能，提高机体免疫力。黑茶的有效成分在抑制人体肠胃中有害微生物生长的同时，又能促进有益菌（如乳酸菌）的生长繁殖，具有良好的调整肠胃功能的作用，其中的生物碱类物质能促进胃液的分泌，黄烷醇类物质能显著增强肠胃蠕动，具有明显的消滞胀、止泄、缓解便秘的作用。

③ 降血压、降血糖。黑茶中的茶氨酸能起到抑制血压升高的作用，而生物碱和类黄酮物质可使血管壁松弛，增加血管的有效直径，通过使血管舒张而使血压下降。

黑茶还有防癌、降血脂、防辐射、消炎等茶叶共有的保健作用。饮黑茶可使人舒畅、松弛，而不会使人因饮茶而兴奋失眠。

乌 龙 茶

091 什么是乌龙茶

乌龙茶又叫青茶，属于半发酵茶，发酵度为20%～70%，为我国特有的茶类，是中国六大茶类中特色鲜明的茶叶品类。乌龙茶创制于1725年前后（清雍正年间）。

乌龙茶经过采摘、萎凋、做青、杀青、揉捻、干燥等工序制成。乌龙茶主要产于福建（闽北、闽南）及广东、台湾三个省。近年来，四川、湖南等省也有少量生产。乌龙茶除了内销广东、福建等省外，主要出口日本、东南亚和港澳地区。

大红袍

092 什么是乌龙茶的发酵度

发酵，是指茶青（茶鲜叶）和空气中的氧气接触，产生的氧化反应。发酵度就是茶叶氧化的程度。根据发酵程度的不同，乌龙茶可分为：

① 轻发酵茶，发酵程度为10%～30%，代表品种如文山包种茶。

② 中发酵茶，发酵程度为30%～50%，代表品种如铁观音、黄金桂。

③ 重发酵茶，发酵程度为50%～70%，代表品种如大红袍、东方美人茶。

093 乌龙茶的采制有什么特色

乌龙茶结合了绿茶和红茶的特色，既有红茶的浓鲜味，又有绿茶的清香，典型特征为叶底"绿叶红镶边"，香气高锐，品尝后齿颊留香，回味甘鲜。

乌龙茶可多季节采制，5月份采制春茶，10月份采制秋茶，部分地区也采制冬茶，例如台湾省。乌龙茶原料要求枝叶连理，通常采摘一芽二叶到三叶，主要加工工艺为：茶青→萎凋→做青→杀青→揉捻→干燥→毛茶。

094 乌龙茶特有的加工工艺是什么

制造乌龙茶的特有工序是"做青"，乌龙茶的主要发酵过程，就是在做青"摇青""晾青"这两个工序中完成的。

摇青促进鲜叶中的水分蒸发，同时让叶子边缘受损而氧化；晾青时茶叶中的水分继续蒸发和氧化。在摇青和晾青交替进行的做青过程中，茶叶逐渐萎凋，茶叶绿色消退，边缘因氧化而呈现红色的叶边，茶叶散发出香气。

095 怎样辨别乌龙茶的优劣

优质乌龙茶通常具备以下特征：

① 外形：干茶呈条索紧结、重实的半球形，或条索肥壮、略带扭曲的条形。

② 色泽：色泽沙绿乌润或褐绿油润。

③ 香气：有浓郁的花果香、焙火香等高香。

④ 汤色：橙黄、橙红或金黄，清澈明亮。

⑤ 滋味：茶汤醇厚、鲜爽、灵活、持久、口齿留香，回甘。

⑥ 叶底：绿叶红镶边，即叶脉和叶缘部分呈红色，其余部分呈绿色，绿处翠绿稍带黄，红处明亮。

096 乌龙茶如何按产地分类

习惯上根据乌龙茶产区的不同将其分为闽北乌龙、闽南乌龙、广东乌龙和台湾乌龙等。

大红袍　　　　　　　　铁观音

凤凰单枞　　　　　　　　冻顶乌龙

① 闽北乌龙：名茶有武夷水仙、大红袍、白鸡冠、水金龟、铁罗汉、肉桂等。

② 闽南乌龙：名茶有铁观音、黄金桂、本山、毛蟹、漳平水仙等。

③ 广东乌龙：名茶如凤凰单枞等。

④ 台湾乌龙：名茶有冻顶乌龙、东方美人茶、大禹岭茶、梨山茶、杉林溪、阿里山茶、金萱、翠玉、木栅铁观音等。

097　乌龙茶的香变、色变和味变分别是什么意思

① 香变：茶发酵时，轻微的发酵会生出菜香；轻发酵转化成花香；中发酵转化成果香；重发酵转化成熟果香。

② 色变：香气的变化与颜色的转变是同时进行的。菜香的阶段茶是绿色，花香的阶段茶是金黄色，果香的阶段茶是橘黄色，熟果香的阶段茶是朱红色。

③ 味变：发酵越轻，茶味越接近植物本身的味道，发酵越重越远离本味，由发酵而产生的味道越重。

098 铁观音的特点是什么

安溪铁观音产自福建省安溪县，别名红心观音或红样观音，适制乌龙茶。一年分四季采制鲜叶，春茶品质最好，秋茶次之。

铁观音的特点是：茶叶质厚坚实，有"沉重似铁"之喻，干茶外形枝叶连理，结成球状，色泽沙绿翠润，汤色金黄、橙黄，香高馥郁持久，味醇厚爽口，齿颊留香回甘，具有独特的香味，评茶上称为"观音韵"，以小壶泡饮为宜。

099 铁观音的几大主产区茶的特点是什么

铁观音产于福建安溪县，是乌龙茶的极品，十大名茶之一。茶叶是一种特殊农产品，讲求"天、地、人、种"四者和谐，往往是同一产区的不同山头，甚至同一山头不同高度的茶园，茶叶也有所区别。安溪最著名的三个茶产区是安溪西坪、祥华、感德，三地所产铁观音各有特点。

铁观音茶

铁观音茶茶汤

铁观音叶底

①西坪茶，特点为"汤浓韵明不很香"。西坪是安溪铁观音的发源地，出产的茶叶采用传统型工艺制成。

②祥华茶，特点为"味正汤醇回甘强"。祥华茶久负盛名，产区多数山高雾浓，茶叶制法传统，所产茶叶品质独树一帜，回甘强的特点最为显著。

③感德茶，特点为"香浓汤淡带微酸"。感德茶被一些茶叶专家称为"改革茶""市场路线茶"，近年在一些区域和人群中颇受欢迎，最大的特点是茶香浓厚。

100 铁观音按香气如何分类

铁观音按照香气分为以下三种：

①清香型铁观音。清香型铁观音为安溪铁观音的高档产品，原料均来自铁观音发源地安溪高海拔、岩石基质土壤种植的茶树，具有鲜、香、韵、锐等特征。清香型铁观音香气高强，浓馥持久，花香鲜爽，醇正回甘，观音韵足，茶汤金黄绿色，清澈明亮。

②浓香型铁观音。浓香型铁观音是以传统工艺"茶为君，火为臣"制作的铁观音茶叶，使用沿用百年的独特烘焙方法，温火慢烘，具有醇、厚、甘、润的特征，条型肥壮紧结，色泽乌润，香气纯正，带甜花香或蜜香、粟香，汤色深金黄色或橙黄色，滋味特别醇厚甘滑，音韵显现，耐冲泡。

③韵香型铁观音。韵香型铁观音的制作方法是在传统正味做法的基础上再经过120℃烘焙10小时左右，提高滋味醇度和香气。韵香型铁观音原料均来自铁观音发源地安溪高海拔、岩石基质土壤上的茶树，茶叶发酵充足，具有浓、韵、润、特的特征，香味高，回甘好，韵味足。

101 凤凰单枞为什么叫"单枞"

凤凰单枞产于广东省潮州市凤凰镇乌岽山茶区。

单枞茶是在凤凰水仙群体品种中选择、培育优良单株茶树，采摘、加工而成，因分株单采单制，故称"单枞"。凤凰单枞的采制均有严格的要求，如采摘标准为一芽二三叶，并且强烈日光时不采、雨天不采、雾水茶不采，一般午后开采，当晚加工，制茶均在夜间进行，历时10小时制成成品茶。

102 凤凰单枞的特点是什么

优质凤凰单枞干茶条索挺直肥大，色泽黄褐，俗称"鳝鱼皮色"，且油润有光。冲泡后，香味持久，有天然花果香，滋味醇爽回甘，汤色橙黄清澈，叶底肥厚柔软，叶边朱红，叶腹黄明。凤凰单枞分为单枞、浪菜、水仙三个级别。具有特点如下：

① 形状：茶条挺直肥大，稍弯曲。

② 颜色：黄褐色，焙火后为青褐色，油润有光泽。

③ 汤色：橙黄清澈。

④ 香气：具有丰富的天然花香、果味，香味持久。

⑤ 滋味：味醇爽口回甘，口齿生津。

⑥ 叶底：叶底肥厚柔软，边缘朱红，叶面黄而明亮。

凤凰单枞叶底

凤凰单枞

103 凤凰单枞十种最有名的香型是什么

凤凰单枞茶最有特色的十种香型为：蜜兰香、黄枝香、玉兰香、夜来香、肉桂香、杏仁香、柚花香、芝兰香、姜花香、桂花香。

104 武夷岩茶是如何分类的

武夷岩茶香气浓郁，浓醇甘滑，具有特殊的"岩韵"。大红袍是武夷岩茶中品质最优异者。常见的岩茶分类有：

① 依产地分为正岩茶、半岩茶、洲茶。

② 依茶品种分为大红袍、白鸡冠、铁罗汉、水金龟、水仙、肉桂等。

105 武夷四大名枞分别是什么

武夷四大名枞分别是大红袍、水金龟、白鸡冠、铁罗汉。其中水金龟茶树生长在大路旁；白鸡冠茶树特点突出，嫩叶淡黄色时间长达50天左右；铁罗汉生长在鬼洞，树高3米多；大红袍则生长在九龙窠半山腰的悬崖峭壁上。

106 大红袍的特点是什么

大红袍条形壮结、匀整，色泽绿褐鲜润，冲泡后茶汤橙黄至橙红色，

大红袍

大红袍茶水

清澈艳丽；叶底软亮，叶缘红，叶心绿。大红袍品质最突出特点是浓醇回甘，润滑鲜活，香气馥郁，香高持久，岩韵明显。

107 什么是大红袍的母树

武夷山天心岩九龙窠悬崖峭壁上现存的6棵茶树，树龄已有350多年，被称为大红袍母树。

为保护大红袍母树，武夷山有关部门决定对6棵茶树实行特别管护，自2006年起，当地对6株大红袍母树实行停采留养，茶叶专业技术人员对大红袍母树实行科学管理，并建立详细的管护档案，严格保护大红袍茶叶母树及周边的生态环境。

108 大红袍讲究喝新茶吗

优质大红袍岩韵明显，鲜爽润滑，滋味醇厚无苦涩，香幽而清无异味。但是当年的大红袍新茶因焙火的原因，茶的刺激性较大，隔年茶更加香气馥郁、滋味醇厚、顺滑可口。所以"茶叶贵新"不完全适用于大红袍。

109 台湾省乌龙茶的特色是什么

① 产茶季节：一年三季采制，分别为5月、11月、1月。

② 发酵程度：轻发酵（如文山包种茶）、中发酵（如梨山茶）、重发酵（如东方美人茶）均有。

③ 香气类型：花香、果香、熟果香、奶香等。

④ 特色茶品：冻顶乌龙、白毫乌龙茶、高山茶（如梨山茶）等。

110 台湾省十大名茶是哪些

① 冻顶乌龙茶，产自南投县鹿谷乡，发酵度为30%～40%，是知名度

很高的茶叶。

②文山包种茶，产自台北文山区，发酵度为25%～30%。

③东方美人茶，产自新竹县北埔乡，发酵度为70%，又名膨风茶、香槟乌龙、白毫乌龙。

④松柏长青茶，产自南投县名间乡，发酵度为20%～30%，原名埔中茶或松柏坑仔茶。

⑤木栅铁观音，产自台北市文山区木栅一带，发酵度为50%，原料为铁观音。

⑥三峡龙井，产自台北县三峡镇，剑片形茶，是台湾绿茶的代表。

⑦阿里山珠露茶，产自嘉义县竹崎乡和阿里山乡交界处。

⑧高山茶，产自台湾省中央山脉、玉山山脉、阿里山山脉、雪山山脉、海岸山脉五大山脉海拔1000米以上地区，发酵度为25%～35%。

⑨龙泉茶，产自桃园县龙潭乡。

⑩日月潭红茶，产自南投县渔池、埔里等地茶区（日月潭附近），是全发酵茶。

111 文山包种茶的特点是什么

文山包种茶以青心乌龙茶树鲜叶制成，属半发酵茶，每年依节气采茶6次，其中以春、冬茶品质最好。

文山包种

文山包种茶水

文山包种茶发酵程度较轻，因此风味比较接近绿茶。文山包种干茶呈条索状，色绿，汤色蜜绿鲜艳带黄金，清香优雅，滋味甘醇滑润、带活性，清鲜爽口。

112 冻顶乌龙茶因何久负盛名

冻顶乌龙产自凤凰山支脉冻顶山一带，茶区海拔1000～1800米。传说清朝咸丰年间，鹿谷乡的林凤池赴福建应试，中举人，还乡时从武夷山带回36株青心乌龙茶苗，其中12株种在麒麟潭边的冻顶山上，经过繁育成为冻顶乌龙茶的原料茶，并因产地得名"冻顶乌龙"。

冻顶乌龙在台湾高山乌龙茶中最负盛名，被誉为"茶中圣品"。采摘青心乌龙等良种芽叶，经晒青、凉青、浪青、炒青、揉捻、包揉、焙火等工艺制成冻顶乌龙，干茶呈半球状，墨绿油润。冲泡后，茶汤清爽怡人，汤色蜜绿带金黄，茶香清新典雅，带果香或浓花香，味醇厚、甘润，喉韵回甘十足。

传统冻顶乌龙茶带明显焙火味，亦有轻培火冻顶乌龙。此外也有"陈年炭焙茶"，需每年拿出来焙火，茶甘醇，后韵十足。

113 冻顶乌龙茶的特点是什么

冻顶乌龙可四季采制，3月中旬～5月为春茶；5月下旬～8月中旬为夏

冻顶乌龙

冻顶乌龙茶水

茶；8月中旬~10月下旬为秋茶；10月下旬~11月中旬为冬茶。品质以春茶最好，秋茶、冬茶次之；夏茶品质较差。冻顶乌龙特色如下：

①形状：外形卷曲呈球形，条索紧结重实。

②颜色：干茶色泽墨绿油润。

③汤色：黄绿明亮。

④香气：清香高爽，带有浓郁的花香、果香。

⑤滋味：甘醇浓厚，后韵回甘味强，耐冲泡。

⑥叶底：枝叶嫩软，红边、绿叶油亮。

114 东方美人茶鲜叶有什么特别之处

东方美人茶主要产地在台湾的新竹、苗栗一带，是台湾独有的名茶，别名膨风茶、香槟乌龙，又因其茶芽白毫显著，名为白毫乌龙茶，是半发酵青茶中发酵程度最重的茶品。

东方美人茶产区环境独特，要在背风、潮湿、日光充足且无污染的地方，茶叶叶片需经过小绿叶蝉的附着吸吮，嫩叶产生变化，叶片变小，茶芽白毫显著，叶部呈红、黄、褐、白、青相间颜色，经深度发酵形成了特殊风味。

因茶鲜叶必须让小绿叶蝉适度叮咬吸食，茶园不能使用农药，且必须手工采摘一心二叶，再以传统技术精制而成，故高品质的东方美人茶价高、量少。

东方美人

东方美人茶水

115 东方美人茶的特点是什么

东方美人茶有以下特点：

① 形状：条索紧结，稍弯曲，成条形。

② 颜色：干茶白毫显露，白、青、黄、红、褐五色相间。

③ 汤色：呈红橙金黄的琥珀之色，明丽润泽。

④ 香气：有浓郁的果香或蜜香。

⑤ 滋味：甘润香醇，天然滑润，风味绝佳，味似香槟。

116 乌龙茶对身体有哪些益处

乌龙茶具有清心明目、杀菌消炎、减肥美容和延缓衰老、防癌症、降血脂、降胆固醇、减缓心血管疾病及糖尿病症状等健康功效。乌龙茶尤其能促进脂肪代谢，减脂瘦身。

花 茶

117 什么是花茶

花茶是再加工茶类中的一种，又名窨花茶、香片茶等，用鲜花与茶叶窨制而成。花茶集茶味与花香于一体，茶引花香，花增茶味，两者相得益彰，既保持了浓郁爽口的茶味，又有鲜灵芬芳的花香，冲泡品饮，花香袭人，甘芳满口，令人心旷神怡。最常见的花茶是茉莉花茶。

茉莉花茶

118 什么是茉莉花茶的"窨制"

窨制就是让茶坯吸收花香的过程。茉莉花茶的窨制是很讲究的，有"三窨一提，五窨一提，七窨一提"之说。制作花茶时，需要窨制三到七遍才能让茶坯充分吸收茉莉花的香味。每次毛茶吸收完鲜花的香气之后，都需筛出废花，然后再次窨花，再筛，再窨花，如此往复数次。简单地说，窨制的次数越多，茉莉花茶的香气越清透。

119 什么茶可以作花茶的茶坯

花茶选用嫩度较好的茶坯（或称"毛茶"），多选用嫩芽，芽头饱满、白毫多、无叶者为上，一芽一叶次之。

①绿茶：窨制茉莉花茶使用烘青绿茶做茶坯。绿茶较容易吸收花的香气。

②红茶：滋味比较重，不太容易吸香。成品茶如玫瑰红茶。

③乌龙茶：基本是球形的，揉捻得比较紧，较不容易吸香，需要多次窨制。成品茶如桂花乌龙。

120 花茶的主要产地和品种有哪些

花茶主要产于福建、江苏、浙江、广西、四川、安徽、湖南、江西、湖北、云南等地。

花茶的著名品种有茉莉银针、茉莉绣球、玫瑰针螺、玫瑰绣球、玫瑰红茶、桂花乌龙、奶香金萱、荔枝红茶等。

121 花茶的特点是什么

花茶是将茶叶加花窨制而成，富有花香，多以窨的花种命名，如茉莉花茶、牡丹绣球、桂花乌龙茶、玫瑰红茶等。

①原料：茶叶、鲜花（茉莉花、玫瑰、桂花、兰花等）。

②外观：依茶坯茶类不同而不同，有些会有少许花瓣。

③ 工艺：茶坯→窨花→筛花→再窨花→再筛花（反复数次）→干燥。

4 香气：集茶味与花香于一体。

5 汤色：视茶坯茶类而呈现不同的汤色。

6 滋味：既保持了浓郁爽口的茶味，又有花的甜香。

茉莉花茶

122 花茶香气的优劣从哪几个方面判断

评价花茶的香气有三个标准：

① 香气的鲜灵度，即香气的新鲜灵活程度，不可陈、闷、不爽。

② 香气的浓度，即香气的浓厚深浅程度，不可淡薄浮浅。一般经过三次窨花，花香才能充分吸入茶身内部，香气才能浓厚持久。

③ 香气的纯度，即香气纯正不杂、与茶味融合协调的程度。花茶不可有杂味、怪味或香气闷浊。

123 干花多就说明花茶好吗

这种理解有偏差。正规茶行所售茉莉花茶里一般没有或者只有少量干花，因为厂家完成加工后需请专人挑去干花，特别是高档花茶。但有个别品种，如产自四川峨眉山的碧潭飘雪，会撒上些许新鲜茉莉花烘干的花瓣加以点缀。

少数不良茶商会以废花渣拌入茶叶，或者加入香精提香。加香精的茶叶通常未泡时香气扑鼻，冲泡后没有香气。所以，购买茉莉花茶时最好不要以干花的多少来判断茶叶品种。

另外，买花茶一定要品尝，最好冲泡三遍，如果花香还在，说明窨的次数比较多，品质较好。

124 如何选购茉莉花茶

购买高档花茶前首先观察花茶的外观形态，将干茶放在茶荷里，嗅闻花茶香气，察看茶胚的质量。如茉莉花茶有一些显眼的花干，那是为了"锦上添花"，加入的茉莉花干是没有香气的，因此不能以花干多少而论花茶香气、质量的高低。

接着一定要进行冲泡，最好选用盖碗，因为盖碗既可闻香、观色，还可品饮。取花茶2、3克入杯，用90℃左右的水冲泡，随即加上杯盖，以防香气散失。2、3分钟后揭盖观赏茶在水中上下漂舞、沉浮的景象，堪称艺术享受，称为"目品"。再嗅闻杯盖，顿觉芬芳扑鼻而来，精神为之一振，称为"鼻品"。茶汤稍凉适口时，小口喝入，在口中稍事停留，使茶汤在舌面上往返流动一、二次，充分与味蕾接触，如此才能品尝到名贵花茶的真香实味。通过三次冲泡，茶形、滋味、香气三者俱佳者为高品质的花茶。

白 茶

125 什么是白茶

白茶有"一年茶、三年宝、七年灵丹妙药"之称，这几年特别流行。

白茶属轻微发酵茶，是我国茶类中的特殊珍品。因成品茶多为芽头，满披白毫，如银似雪而得名。白茶是我国的特产，主要产于福建省的福鼎（白茶最早由福鼎县首创，该县有一种优良品种茶树——福鼎大白茶，茶芽叶上披满白茸毛，是制茶的上好原料，最初采用这种茶片生产白茶）、政和、松溪和建阳等县，台湾省也有少量生产。白茶生产已有200年左右的历史。

126 优质白茶的特点是什么

白茶最主要的特点是毫色银白，有"绿妆素裹"之美感，且芽头肥壮，汤色黄亮，滋味鲜醇，叶底嫩匀。冲泡后品尝，滋味鲜醇可口。

① 原料：由壮芽、嫩芽制成。

② 外观颜色：干茶毫心洁白如银，色白隐绿。

③ 茶汤颜色：浅淡晶黄。

④ 香气滋味：清香，甘冽爽口，叶底嫩亮匀整。

127 白茶的主要品种有哪些

白茶的主要品种为：白毫银针、白牡丹和寿眉。

白毫银针是采自大白茶树的肥芽制成的茶，因色白如银，外形似针而得名，是白茶中最名贵的品种。白毫银针香气清新，汤色淡黄，滋味鲜爽，是白茶中的极品。

白牡丹是采自大白茶树或水仙种的短小芽叶新梢的一芽一二叶制成的，因绿叶夹银白色毫心，形似花朵，冲泡后绿叶托着嫩芽，宛如白牡丹蓓蕾初放，故而得名。

寿眉用采自菜茶品种的短小芽片和大白茶片叶制成，也叫贡眉。

128 白毫银针的采制有什么特殊之处

白毫银针产自福建省福鼎、政和等地，始于清代嘉庆年间，简称银针，又称白毫，当代则多称白毫银针。过去因为只能用春天茶树新生的嫩芽来制造，产量很少，所以相当珍贵。现代生产的白茶，是选用茸毛较多的茶树品种，通过特殊的制茶工艺而制成的。白毫银针的采摘十分细致，要求极其严格，有号称"十不采"的规定，即：雨天不采、露水未干时不采、细瘦芽不采、紫色芽头不采、风伤芽不采、人为损伤不采、虫伤芽不采、开心芽不采、空心芽不采、病态芽不采。

白毫银针茶水

白毫银针

白茶之所以呈白色，是由于人们采摘了细嫩、叶背多白茸毛的芽叶，加工时不炒不揉，晒干或用文火烘干，使茶芽上的白茸毛能够完整地保留下来。白茶是最少人为加工，最接近自然状态的一种茶。

白茶对茶树鲜叶原料有特殊要求，即要求嫩芽及其以下1、2片嫩叶都满披白毫，这样采制而成的茶叶外表满披白色茸毛，色白隐绿，汤色浅淡，滋味醇和。

129 白毫银针的特点是什么

白毫银针由于鲜叶原料全部是茶芽，制成后，形状似针，白毫满披，色白如银，因此命名为"白毫银针"。白毫银针整个茶芽为白毫覆被，银装素裹，熠熠闪光，令人赏心悦目。白毫银针的品质特点是：外形挺直如针，芽头肥壮，满披白毫，色白如银。此外，因产地不同，品质有所差异。产于福鼎的，芽头茸毛厚，色白有光泽，汤色呈浅杏黄色，滋味清鲜爽口；产于政和的，滋味醇厚，香气芬芳。

130 白牡丹的特点是什么

白牡丹产自福建省政和、建阳、松溪、福鼎等县，选用"福鼎大白

白牡丹

白牡丹茶水

茶""福鼎大毫茶"等茶树良种的一芽两叶为原料，经传统白茶工艺制成。它以绿叶夹银色白毫芽，形似花朵，冲泡后，绿叶拖着嫩芽，宛若蓓蕾初开，故名白牡丹。白牡丹的品质特点是：外形不成条索，似枯萎花瓣，色泽呈灰绿或暗青苔色；冲泡后，两片舒展的绿叶托抱着嫩芽。白牡丹香气芬芳，滋味鲜醇，汤色杏黄或橙黄，叶底浅灰，叶脉微红，芽叶连枝。上品白牡丹两叶抱一芽，叶态自然。

131 如何辨别白茶的优劣

当年采制的白茶更接近绿茶的特征，鲜爽怡人。优质白茶具有以下特征：

① 干茶：以毫多、肥壮为好，以芽叶瘦小、毫稀少为劣。

② 色泽：以色白隐绿为好，以草绿发黄为劣。

③ 香气：以清纯甜香为好，以味淡、带青腥味为劣。

④ 滋味：以醇厚、鲜爽、清甜为好，以淡薄、苦涩为劣。

⑤ 汤色：以清澈明亮为好，以浑暗为劣。

⑥ 叶底：以匀整、毫多、肥软为好，以无毫、暗杂为劣。

132 老白茶和新白茶有什么不同

近几年非常流行喝老白茶，那么新白茶和老白茶到底有什么区别呢？

首先，茶的外形及香气不同。新白茶一般是指当年的明前春茶，茶叶呈褐绿色或灰绿色，且满布白毫，所以好的新白茶一定会带着毫香，而且还会夹杂着清甜香以及茶青的味道；老白茶整体看起来呈黑褐色，略显暗淡，但依然可以从茶叶上辨别出些许白毫，而且可以闻到阵阵陈年的幽香，毫香浓重但不浑浊。

其次，茶汤的颜色和滋味不同。新白茶毫香明显，滋味鲜爽，口感较为清淡，而且有茶青味，清新宜人；老白茶的茶汤颜色更深、呈琥珀色，香气清幽略带毫香，头泡带有淡淡的中药味，有明显的枣香，口感醇厚。

第三，茶的耐泡程度不同。新白茶可以根据个人习惯冲泡，一般可以冲泡六泡左右；老白茶是非常耐泡的，在普通泡法下可达十几余泡，而且到后面仍然滋味尚佳。老白茶还可以用来煮饮，风味独特。

另外，老白茶应经过漫长氧化，茶性较新白茶柔和，且被认为退热、祛暑、解毒、杀菌效果更佳。

133 老白茶的特点是什么

一般存放5、6年的白茶就可算老白茶，10～20年的老白茶比较难得。白茶经过长时间存放，茶叶内质缓慢地发生着变化，多酚类物质不断氧化，转化为更高含量的黄酮、茶氨酸等成分，香气成分逐渐挥发，汤色逐渐变红，滋味变得醇和，茶性也逐渐由凉转温。

134 为什么白茶产地的人认为白茶"三年宝、七年药"

白茶中含有多种氨基酸，具有退热、祛暑、解毒的功效。白茶的杀菌效果好，多喝白茶有助于口腔的清洁与健康。

此外，白茶中茶多酚的含量较高，茶多酚是天然的抗氧化剂，可以起到提高免疫力和保护心血管等作用。白茶中还含有人体所必需的活性酶，可以促进脂肪分解代谢，有效控制胰岛素分泌量，分解血液中多余的糖分，促进血糖平衡。

黄 茶

135 什么是黄茶

黄茶属于轻微发酵茶，发酵度为10%左右，具有黄汤黄叶的特点。黄茶的名字由茶叶和茶汤的颜色而来。

人们在制作炒青绿茶时发现，由于杀青、揉捻后干燥不足或不及时，叶色即变黄，并由此产生了新的品类——黄茶。由于人们不了解黄茶，许多黄茶生产者转而生产绿茶，黄茶产量很少，更不被人熟知。品质优秀的黄茶别具风味。

黄茶—霍山黄芽

136 制作黄茶的重要工艺是什么

焖黄是黄茶加工中的重要工艺。

黄茶的加工工艺与绿茶相似，而黄茶的黄叶黄汤就是"焖黄"的结果。

焖黄就是将杀青、揉捻或初烘后的茶叶趁热堆积，使茶坯在湿热作用下逐渐黄变。在温热焖蒸作用下，叶绿素被破坏而产生变化，成品茶叶呈黄或绿色，焖黄工序还使茶叶中游离氨基酸及挥发性物质增加，使得茶叶滋味甜醇，香气馥郁，汤色呈杏黄或淡黄。

137 黄茶有哪些品种

黄茶按照原料鲜叶的嫩度和芽叶的大小，分为黄芽茶、黄小茶和黄大茶三类。

黄芽茶所用原料细嫩，常为单芽或一芽一叶，著名品种为君山银针、蒙顶黄芽和霍山黄芽。黄芽茶的极品是湖南洞庭君山银针，成品茶外形茁壮挺直，重实匀齐，银毫披露，芽身金黄光亮，内质毫香鲜嫩，汤色杏黄明净，滋味甘醇鲜爽。安徽霍山黄芽也是黄芽茶的珍品。霍山茶的生产历史悠久，唐代起即有生产，明清时为宫廷贡品。

黄小茶采用细嫩芽叶加工，主要有北港毛尖、沩山毛尖、远安鹿苑茶、皖西黄小茶、浙江平阳黄汤等。

黄大茶则采用一芽多叶（二三叶至四五叶）为原料，主要有安徽霍山、金寨、六安、岳西和湖北英山所产的黄茶和广东大叶青等。

138 黄茶的特点是什么

黄茶是中国特有茶类之一，自唐代蒙顶黄芽被列为贡品以来，历代均有生产。黄茶特点如下：

① 原料：选用带有茸毛的芽头、芽或芽叶制成。

② 外观颜色：具有叶黄、汤黄、叶底黄"三黄"之称。

③ 主要加工工艺：鲜叶→杀青→揉捻→焖黄→干燥。

④ 香气：清香纯正。

⑤ 汤色：微黄。

⑥ 滋味：醇厚鲜爽。

⑦ 黄茶的营养成分：黄茶中富含茶多酚、氨基酸、可溶糖、维生素等营养物质，对防治食道癌有明显功效。此外，黄茶鲜叶中天然物质保留

85%以上，这些物质对防癌、抗癌、杀菌、消炎均有效果，黄茶适合免疫力低下者、长期使用电脑工作的人饮用。

139 君山银针的特点是什么

君山银针产于湖南岳阳的洞庭山，茶叶芽头挺直肥壮、满披茸毛，色泽金黄泛光，有"金镶玉"之称。

君山银针香气鲜爽、滋味甜爽，汤色浅黄、叶底黄明。冲泡后，茶芽竖立于杯底，由于茶根、茶芽吸水不同，茶叶在水中忽升忽降、三起三落，令人感到饶有兴味。

君山银针

君山银针茶舞

140 为什么君山银针会三起三落

茶芽上相抱的叶与叶之间和茶芽液泡中都充满空气，叶面茸毛吸水性能很差，造成芽重小于水对它的浮力，于是冲水后茶叶从杯底浮到水面，当水从芽柄筛、导管浸入茶叶，叶体吸水膨大，挤出部分叶间与液泡内的空气，在芽头上形成一个气泡，气泡内热空气破泡而出，对浮在水面的银针产生一个反作用力，这样又使银针下沉，如此往复几分钟，使银针上下沉浮，出现"三起三落"的奇观。

141 如何辨别黄茶品质的优劣

黄茶品质的优劣从以下方面辨别：

①干茶：优质黄茶色泽黄绿或嫩黄带有白毫，反之色泽暗淡没有白毫。

②茶汤：优质黄茶汤色黄绿明亮，反之混浊、不清澈。

③叶底：优质黄茶叶底嫩黄、匀齐，反之叶底发暗、不亮。

142 哪些因素会对茶叶的存放造成不利影响

要保持茶叶色、香、味、形的品质不变，首先要了解茶叶对存放环境的需求。

①影响茶叶变质的因素：茶叶吸湿及吸味性强，很容易吸附空气中的水分及异味，若贮存茶叶方法稍有不当，就会在短时期内失去风味，而且愈是轻发酵高清香的名贵茶叶，愈是难以保存。通常茶叶在存放一段时间后，茶叶香气、汤色、滋味、颜色会发生变化，原来的新茶味消失，陈味渐露。导致茶叶变质、陈化的主要环境条件是温度、水分、氧气、光线和它们之间的相互作用。

②温度：温度越高茶叶色泽越容易变化，低温冷藏（冻）可有效减缓茶叶变褐及陈化。

③ 水分：茶叶中水分含量超过5%时会使茶叶加速劣变，并促使茶叶中残留酵素发生氧化，使茶叶变质。

④ 氧气：引起茶叶劣变的各种物质的氧化作用均与氧气有关。

⑤ 光线：光线照射对茶叶会产生不良影响，光照会加速茶叶中各种化学反应的进行，叶绿素经光线照射易发生变化。

143 在家怎样存茶更好

茶叶储藏的条件：干燥、避光、通风好、阴凉处、密封效果好，同时不能和有异味（化妆品、洗涤剂、樟脑精等）的物品一起存放，要远离操作间、卫生间等有异味的场所。取放茶叶时要轻拿轻放，原味茶与带香味的茶分开存放。可以尝试以下存储方法：

① 用专用的冰箱存放茶叶。一般用于存放绿茶、乌龙茶。存放时绿茶可采取桶装或锡纸袋密封装法；存放乌龙茶时可采取抽真空、锡纸袋密封、桶装法。

② 坛装法。器皿以紫砂和陶瓷制品为主；器皿一定要干燥、无异味、严密程度好。存放时要先将茶叶用宣纸包好，外部用皮纸包好。在茶叶空隙部位放干燥剂，此法可存放红茶、普洱茶。

③ 桶装法。可采用纸、铁、陶、锡罐制品。要求桶干燥、无异味，适合任何茶的存放。

④ 抽真空包装法。适用于球形、半球形的乌龙茶。

其 他 "茶"

144 什么是非茶之茶

中国人习惯将对身体有益的饮料都称为"茶"。非茶之茶大体可分为两类，一类具有保健作用，称为"保健茶"，也叫药茶，是以某些植物茎叶或花作主体，再与少量的茶叶或其他食物作为调料配制而成，例如苦荞茶；另一类则是休闲时饮用的"点心茶"，例如水果茶等。

145 饮菊花茶有什么益处

菊花的品种很多，杭白菊（又称甘菊）是我国传统的栽培药用植物，是浙江省八大名药材"浙八味"之一，也是菊花茶中最好的品种。野菊花（又名山菊花、路边菊、野黄菊花等），全国大部分省区都有出产，野生于山坡草地、灌木丛、路边。贡菊（也称"黄山贡菊""徽州贡菊"），因在古代被作为贡品献给皇帝，故名"贡菊"。

菊花

菊花含有多种营养物质，具有抗菌、抗病毒、解热、抗衰老等作用，对心血管系统的作用尤为显著，对高血脂、高血压、动脉硬化等疾病有辅助防治作用，备受中老年朋友的青睐。

菊花茶虽然有如此多的好处，但并非人人皆宜。因为菊花性微寒，比较适合实热体质的人，平素怕冷、手脚发凉、脾胃虚弱等虚寒体质者最好少饮菊花茶。

146 什么是苦丁茶

苦丁茶有大叶苦丁和小叶苦丁之分，大叶苦丁主要产自广东、福建、海南等地，小叶苦丁主要产自四川。苦丁茶是天然保健饮品，性大寒，茶味苦而后甘凉，具有清热消暑、明目益智、生津止渴、利尿强心、润喉止咳、降压减肥、抑癌防癌、抗衰老、活血脉等多种功效。虚寒体质的人、经期女性和产妇、肠胃不好的人不适宜饮用。冲泡时，大叶苦丁放一个即可；小叶苦丁可放3克左右，宜少不宜多。

147 饮大麦茶有什么益处

把大麦炒熟后泡水即成大麦茶。大麦茶味甘性平，有平胃止渴、消渴除热、益气调中、宽胸下气、消积进食等功效。还能去油腻、健脾、利尿、助消化、治疗冠心病等，许多韩国家庭都以大麦茶代替饮用水。

把大麦茶放入壶内直接冲泡或煮5～10分钟，然后倒入茶杯饮用，有浓郁的香味。夏天也可把泡好的麦茶放进冰箱当解暑饮料饮用。

148 什么是八宝茶

八宝茶，也称"三炮台"，以茶叶为底，掺冰糖、枸杞、红枣、核桃仁、桂圆肉、芝麻、葡萄干、苹果片等，喝起来香甜可口，滋味独具，并有滋阴润肺、清嗓利喉的功效。八宝茶需要用滚开的水冲泡，使每种配料都释放出滋味。

149 什么是苦荞茶

将苦荞烘烤后，用水冲泡，即成苦荞茶。苦荞茶能辅助调节三高，软化血管，促进排毒，而且苦荞茶还有一定的抗癌作用。

150 什么是水果茶

将加工制成的水果粒或新鲜水果，单品种或混合，加水冲泡或煮饮，即成水果茶，如梨茶、橘茶、香蕉茶、山楂茶、椰子茶等。水果茶滋味甜美适口，深受年轻人喜爱。

151 什么是花草茶

一般我们所说的花草茶，特指那些不含茶叶成分的香草类饮品。花草茶是将植物的根、茎、叶、花或皮等部分煎煮或冲泡，而产生芳香香气、特殊味道或美好视觉效果的的草本饮料。花草茶最早从欧洲传来，逐渐被我们接受而成为常见的饮品。

花草茶

152 喝花草茶有什么好处

花草茶比较温和，不刺激，非常适合日常饮用。有些花草茶还因其特殊的香气和颜色使人放松身心，有些花草茶富含维生素及其他对身体有益的物质，因此深受喜爱。

153 花草茶的沏泡方法是什么

花草茶可以用杯或壶冲泡，最好选用玻璃器皿、陶瓷制品泡饮。冲泡花草茶最好使用沸水，这样才能把花草完全冲开。花草茶一般浸泡10～15分钟，时间太短，泡不出花草的味道。

154 常见的花草茶搭配有哪些

搭配花草茶时注意，使用的花草品种最好不要超过三种，可尝试以下"混搭"：

①桂花＋菩提花，能清香提神、镇定安神，净化肠胃、清除体内毒素，改善便秘，减肥轻身。

②玫瑰果＋洋甘菊＋山楂，能理气养肝、消除疲劳，促进人体代谢。这款茶适合夏天饮用。

③马鞭草＋柠檬草＋迷迭香，能降脂、利尿、净化肠道，助消化、去胀气，减轻腹痛。

④玫瑰花＋蜜枣，能疏肝解郁、促进新陈代谢、去脂，是瘦身良饮。

⑤玫瑰花＋加州蜜枣，可有效排除体内多余油脂，使身材苗条。

⑥马鞭草＋柠檬草，能分解脂肪，利尿、瘦身。

⑦玫瑰花＋苹果花，可调经、美白。

⑧玫瑰花＋枸杞子＋杭白菊＋乌梅，可以调节内分泌，消除疲劳。

⑨玫瑰花＋茉莉花，能养颜美容，对肝脏和胃部有滋补作用，可缓解紧张情绪。

155 饮用花草茶应注意什么

饮用花草茶需根据自己的身体状况和饮用后的反应，选择适合自己的花草。

另外，混搭花草时一定要事先对花草有足够的了解，必要时请教专业人士，以免搭配不当而使花草茶产生令身体不适的成分，危害健康。

最后，花草茶可能对身体有一定的调理作用，但饮用时间不宜长，饮用量不宜大，否则可能对身体有害。

茶具

以精美的茶具来衬托好水、佳茗的风韵，堪称生活中的艺术享受。鲁迅先生在《喝茶》里说过："喝好茶，是要用盖碗的。于是用盖碗。果然，泡了之后，色清而味甘，微香而小苦，确是好茶叶。"可见，泡不同的茶应选择最适合的茶具，这样才能真正体味茶之幽香。

156 泡茶需要哪些茶具

泡茶所需的器具分为两大类：主泡器具和辅助用具。主泡器具包括壶、公道杯、品茗杯以及滤网等；辅助用具为茶则、茶巾、茶仓等。另外，备水用具也是必不可少的。茶具中必备的有烧水壶、泡茶壶和品茗杯，其余用具根据习惯和需要可繁可简。

主 泡 器

157 泡茶最重要的器具是什么

在所有的泡茶器皿中，茶壶可谓主角。按照习惯，泡茶用紫砂壶最佳，其他陶、瓷、玻璃茶壶样式极多，近来又有金、银茶壶，花式繁多，令人目不暇接。

茶壶应根据所泡的茶的特点选配，如紫砂壶比较适合沏泡乌龙茶或普洱茶，紫砂壶中的朱泥壶是冲泡乌龙茶的佳选；沏泡红茶、中档绿茶或花茶多选用瓷壶，不会夺去茶的香气；如冲泡需要欣赏茶汤颜色和茶叶泡开时上下飞舞的情景，或沏泡花草茶、高档绿茶等，玻璃壶是不二之选；如冲泡需要加热的茶，玻璃壶配酒精炉相得益彰。

　　无论使用什么样的茶壶，泡茶完毕，应用沸水冲洗干净，晾干，再盖盖收好。

茶壶

158 如何选择盖碗

盖碗又称盖杯，由盖、杯身、杯托三部分组成，盖碗既可用来当作泡茶的器皿，也可作为个人品茗的茶具，既可泡茶、闻香、观色，又可品茗。盖碗的质地以瓷质为主，以江西景德镇出产的最为著名。也有紫砂和玻璃盖碗。

盖碗有大、中、小之分，除挑选材质、花色外，还应根据使用者手的大小选择合适的型号。男士一般选择大的，持拿起来比较方便；女士则尽量选择中、小型的，拿起来比较顺手。

另外，还要看盖碗杯口的外翻程度，杯口外翻越大越不容易烫手，越容易拿取。

159 怎样使用盖碗不会烫手

使用盖碗斟倒茶汤时，先将盖稍斜放，出水处盖和杯身之间留有缝隙；然后用食指扶住盖的中间，拇指和中指扣住盖碗左右的边缘；再提起盖碗，注意出水处与地面垂直，倾倒茶水。如果出水口偏向身体一侧容易烫到拇指。

另外，用盖碗作为泡茶器皿时要注意，水不宜过满，七成为宜，过满也很容易烫手。

160 怎样使用盖碗饮茶

用盖碗饮茶，男、女的动作与气度略有不同。

女士饮茶讲究轻柔静美，左手端托提盖碗于胸前，右手缓缓揭盖闻香，随后观赏汤色，右手用盖轻轻拨去茶末细品香茗；男士饮茶讲究气度豪放，潇洒自如，左手持杯托，右手揭盖闻香，观赏汤色，用盖拨去茶末，提杯品茶。

女子用盖碗

161 有没有适合泡所有茶的茶具

如果初学泡茶，或者不喜欢过于细碎繁琐的程序，可以使用瓷盖碗泡茶。一个人喝茶直接用盖碗品饮，揭盖、闻香、尝味、观色都很方便；与朋友一起喝茶可以用盖碗当茶壶泡茶，把茶汤倒入公道杯，再与朋友分饮。

可以说，瓷盖碗是适合沏泡所有茶的一款茶具。

162 茶船是做什么用的

茶船也被称为茶盘，如船一样，承托着茶壶、茶杯、滤网等茶具，用于存放或导出废水，虽然在茶桌上是配角，但作用却非常大。茶船的种类非常多，材质有木质的，如花梨木、鸡翅木、檀木或是竹木；有陶瓷的；有各种石头制成的，如各种砚石、乌金石、玉石等。茶船的形状、装饰各异，选择余地很大。

选购时注意，茶船有2、3人用的，也有4、5人或6人以上用的大茶船，因此购买时应考虑自己安置茶船地方的大小、使用人数的多少。另外还要考虑茶船的使用寿命和各种材质茶船的特殊性，考虑木质茶船可能开裂的问题、石茶盘质地坚硬的情况、倒出水或导出水是否方便、顺畅等。

茶船接水

163 使用茶船应注意什么

茶船盛水有两种方式：一种是双层，下面有一个茶盘，上面的托盘可以取下，废水通过茶船上层的孔道流到下面的茶盘里，等茶盘里的水满了就倒掉；另外一种是下面没有茶盘的单层茶盘，需要接一根软管，管的另一端要放一个贮水桶，茶船上的废水经过凹槽汇到出口处，经软管流入贮水桶里。

使用双层茶盘时，要随时注意废水的排出量，如果饮茶的人多，用的茶船较小，应多次倾倒废水，以免废水溢出。使用带软管的茶船时，需随时注意茶船的出水孔是否通畅，应随时清出茶渣，出水不畅时调整软管，并注意清理废水桶。无论使用哪种茶船，每次使用完毕，除了要清洗茶具，还要除净废水、洗净茶船。如长时间不清洗，茶船会发霉，木质茶船可能开裂。

164 杯托的作用是什么

杯托放在品杯杯底，用于盛放茶杯，茶席上杯子和杯托组合使用，有杯必有托。有时也会使用杯垫。杯托的使用既可以增加泡茶饮茶的仪式感和美感，又可以防烫手，避免杯子直接接触桌面，对桌面起到保护、保洁的作用。有的茶托还能增加茶杯（碗）的稳定性。

杯托材质有多种，木质的如花梨木、鸡翅木、竹木等，还有瓷、陶的、紫砂、金属等，形状多样，富有美感。

有杯必有托

165 如何使用闻香杯和品茗杯

闻香杯、品茗杯是冲泡台湾乌龙茶时使用的茶具。闻香杯细高，能收拢和保留香气，是用来闻茶汤香气的；品茗杯用来品尝茶汤，一般两种杯材质相同，多为瓷、紫砂材质，两杯组合使用。

使用时先将茶汤倒入闻香杯里，左手握杯旋转将茶汤倒入品茗杯中，马上闻香，之后品饮品茗杯里的茶水。

166 公道杯是做什么用的

公道杯又叫茶海、茶盅，用来盛放泡好的茶汤，起到中和、均匀茶汤的作用。无论泡什么茶，公道杯几乎都是必不可少的。公道杯最常见的质地有紫砂、陶瓷、玻璃，大部分有柄，也有无柄的，还有少数带过滤网。

如果选择紫砂质地的公道杯，注意尽量选择里面上白色釉的，这样可以更清晰地欣赏茶汤的颜色。瓷制的公道杯种类样式比较多，选择的余地也比较大。很多人越来越喜欢使用玻

公道杯和滤网的作用

璃的公道杯，主要是因为能够清楚、准确地看到茶汤的颜色。选择什么质地的公道杯主要是根据个人喜好，使用时尽量和壶、杯等茶具相配。

选购公道杯时要注意看它在流断水时是否利落，倒水时应可随停随断。

167 滤网是做什么用的

滤网放在公道杯上与公道杯配套使用，主要用途是过滤茶渣。滤网有陶瓷、不锈钢材质和竹、葫芦等。

选择滤网，中间网子的质量很重要。和其他茶具一样，滤网使用后要及时清理，可用细的小毛刷将网子上的茶垢清理干净，以便茶汤过滤得更顺畅。

是否使用滤网，视茶的种类、品质和个人泡茶习惯而定，通常品质较好的茶叶碎茶屑较少，可以不用滤网。

168 水方是做什么用的

水方又叫水盂，与建水作用相同，用来盛放用过的水及茶渣，功能类似于茶船。水方的质地应选择和茶以及其他茶具相搭配的，如果喝茶人少，泡茶时使用水方比较方便。水方体积小又比较轻便，要及时清理。

169 壶承是做什么用的

壶承是在泡茶时用来承放茶壶，承接温壶泡茶的废水，避免水湿桌面的器具，通常与水方搭配使用。一般泡茶场地较小时，用壶承泡茶轻便灵

水方

壶承

活，茶船与壶承两者中壶承是首选。

壶承多为盘状，有紫砂、瓷、金属等质地，有单层和双层。无论哪种材质的壶承，使用时最好在壶底垫一个壶垫，以免摩擦或磕碰。

170 茶道六用是指哪些用具

茶道六用是泡茶必不可少的辅助用具，包括茶则、茶匙、茶夹、茶漏、茶针、茶筒，多为竹、木质地。

用途：茶则用来盛取茶叶；茶匙协助茶则将茶叶拨至泡茶器中；茶夹用来代替手清洗茶杯，并将茶渣从泡茶器皿中取出；茶漏可扩大壶口的面积，防止茶叶外溢；茶针用来疏通壶嘴；茶筒用来收纳茶则、茶匙、茶夹、茶漏和茶针。

使用茶道具时要注意保持干爽、洁净，手拿用具时不要碰到接触茶叶的部分，摆放时也要注意位置，不要妨碍泡茶。

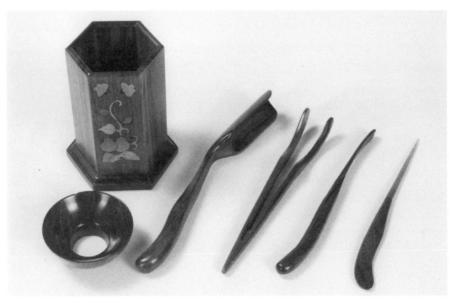

茶道六用

171 茶荷是做什么用的

茶荷用来欣赏干茶,有瓷、紫砂、玉等材质。

选择茶荷除了注意外观外,还要注意无论哪种质地的茶荷,内侧最好是白色,方便观赏干茶的颜色和形状。

172 茶巾是做什么用的

茶巾在整个泡茶过程中用来擦拭茶具上的水渍、茶渍,能够保持泡茶区域的干净整洁。茶巾一般为棉、麻质地,应选择吸水性好、颜色素雅、能与茶具相配搭。

最常用的茶巾折叠法:先将茶巾对折成长方形,再将茶巾分为四等份对折。

茶巾要经常清洗,晾干后继续使用,当茶具不用时还可盖在上面,以免尘土落在茶具上。

茶荷

173 茶仓是做什么用的

茶仓即茶叶罐，用来盛装、储存茶叶。常见的茶仓有瓷、紫砂、陶、铁、锡、纸以及搪瓷等材质。

因为茶有容易吸味、怕潮、怕光和易变味的特点，故挑选茶仓首先要看它的密封性，其次是注意有无异味、是否不透光。各种材质的茶仓中，锡罐密封、防潮、防氧化、防异味的效果最好；铁罐密封不错，但隔热较差；陶罐透气性好；瓷罐密封性稍差但外形美观；纸罐具有一定的透气性和防潮性，适合短期存放茶叶。

应考虑茶叶特点，选择适合的茶仓。如普洱茶适合陶罐；铁观音、岩茶适合瓷罐或锡罐；红茶适合紫砂或瓷罐；绿茶最好密封后放入冰箱里保存。

不同的茶叶最好分别用不同的茶叶罐来承装，并注明茶叶的名称及购买日期，方便日后品饮。

174 茶刀是做什么用的

茶刀又叫普洱刀，是用来撬取紧压茶的专用工具，有牛角、不锈钢、骨质等材质。茶刀有刀或针状的，针状的适用于压得比较紧的茶叶；刀适合普通的紧压茶。

撬茶饼时，刀先插进茶饼中再慢慢向上撬起，用手按住茶叶轻轻放在茶荷里。针状的普洱刀比较锋利，撬取茶叶时要小心避免弄伤手。

175 煮水壶有哪几种

煮水壶有不锈钢、铁、陶和耐高温的玻璃材质。热源有酒精、电热、炭热等，电热的热源使用比较普遍。市场上多见电热壶、电磁炉、电陶炉，使用方便快捷。酒精炉在没有电源的情况下比较方便，但使用时需注意安全。炭炉使用时更应细心，以免失火或烧干壶具。

176 茶趣是做什么用的

茶趣也叫茶宠，用来装饰、美化茶桌，一般为紫砂质地，造型各异，有瓜果梨桃、各种小动物或各种人物造型，生动可爱，给泡茶、品茶带来无限乐趣。因为是紫砂质地，平时也要像保养紫砂壶一样保养茶趣，要经常用茶汁浇淋表面，慢慢也会养出光润和灵气。

177 废水桶是做什么用的

废水桶用来贮存泡茶过程中的废水，用一根塑料软管接在没有茶盘的茶船上，有不锈钢、塑料，也有竹木材质的。每次泡茶后要及时进行清理，保持干净整洁。

随手泡

茶趣

紫砂壶

178 紫砂壶为什么深受喜爱

紫砂壶是中国特有的，集诗词、绘画、雕刻、手工制造于一体的陶土工艺品。紫砂壶造型简练、大方，色泽淳朴、古雅。紫砂壶使用的年代越久，壶身色泽就愈加光润古雅，泡出来的茶汤也就越醇郁芳馨，甚至在空壶里注入沸水都会有一股清淡的茶香。由于宜兴地区紫砂泥料结构的特殊性，紫砂壶确实具备宜茶的特性。

紫砂壶有五大特点：

① 紫砂壶既不夺茶香气又无熟汤气，故用以泡茶色香味皆佳。

② 紫砂壶能吸收茶香，使用一段时日后，空壶注入沸水也有茶香。

③ 便于洗涤，日久不用，难免异味，可用开水烫泡两三遍，然后倒去冷水，再泡茶原味不变。

④ 冷热急变适应性强，寒冬腊月，注入沸水，不因温度急变而胀裂。

⑤ 紫砂壶本身具备人文艺术价值，兼具使用和鉴赏、收藏功能。

179 如何选择品质好的紫砂壶

挑选一把好用的紫砂壶，要特别注意以下几点：

① 出水要顺畅，断水要果断，不"流口水"（断水后流口有水滴滑落）。

② 重心要稳，端拿要顺手。

③ 口、盖设计合理，茶叶进出方便。

④ 容量大小需合己用。

180 紫砂壶如何养护

养壶不是一件单独的工作，使用紫砂壶的过程也就是养壶的过程，我们应该在品茶的过程中养壶。养壶的过程漫长，养壶如养性，需要耐心和细心。

一把养好的壶，应该呈润泽之色，光泽内敛，如同谦谦君子，端庄稳重，温文含蓄。养壶的方法五花八门，可总结为以下几点：

① 每次泡茶完毕需彻底将壶身内外洗净。

② 切忌油污接触紫砂壶。

③ 趁紫砂壶温度高时，用茶汁滋润壶表。

④ 适度擦刷壶身（如壶表面有泥绘、雕刻等工艺的壶要特别小心）。

⑤ 用毕晾干。

⑥ 让壶有休息的时间。

⑦ 最好专壶专用，一把壶泡一类茶甚至是一种茶。

紫砂壶养护中，洁净是第一要务。

181 怎样持拿紫砂壶

如是单手持壶，用中指勾进壶把，拇指捏住壶把（中指也可和拇指一起捏住壶把），用无名指顶住壶把底部，食指轻搭在壶钮上，记住不要按住气孔，否则水无法流出。

如是大壶，需要双手操作，一般右手将壶提起，左手食指扶在壶钮上，斟茶时要姿势优美，动作协调。

182 如何正确清洁茶具

喝茶最讲洁净，因为茶渍不好清洗，所以要养成喝完茶及时清洗的习惯，千万不要让用过的茶壶、茶杯不洗就过夜。每天喝茶后及时清洗，只需用沸水把茶具彻底冲洗干净、晾干就可以了。

如果茶壶、茶杯长时间用过不洗，茶渍使茶具变色，也不必紧张，不要用碱性的化学清洁用品清洗，用小苏打就可以清洗干净。清洗时，先用清水浸湿茶具，然后用小苏打清洁，最后用清水冲净茶具。

持壶

泡茶的要点

茶类不同、饮茶人不同、器具不同，

茶叶用量、水温，

泡茶时间和方法都不同。

把握要点，反复　习，不断思考，

才能"会"泡茶、泡好茶。

183 泡茶的第一步是什么

泡茶有一系列步骤，第一步是把所需茶具准备好，然后清洗干净备用，同时在精神上、身体上，都做好泡茶的准备。

很多人说起泡茶，总觉得是件特别简单的事，只要把茶叶放在壶里，注上热水，等片刻就可以了，其实不然，如果抱着这种思想泡茶，泡茶的技艺和精神境界都难以提升。明代许次纾曾在《茶疏》中写道："茶滋于水蕴于器，汤成于火，四者相连，缺一不可"。茶、水、器、火四者紧密相连，处理好四者的关系，重点在泡茶的人。因此泡茶前需准备好茶具，同时将自己的精神状态、身体状态调整好，再开始认认真真泡好手中这杯茶。

184 什么是泡茶四要素

泡好一壶茶有四大要素：茶叶用量、泡茶水温、浸泡时间、冲泡次数。

① 茶叶用量：需根据人的多少、壶的大小、茶的茶性、个人喜好、年龄选择茶叶用量。所以在为客人冲泡时应询问客人是喝浓还是淡。

② 泡茶温度：水温高低与茶的老嫩、松紧、大小有关。大致来说，茶叶原料粗老、紧实、整叶的比茶叶细嫩、松散、碎叶的茶汁浸出要慢，所以冲泡水温要高。水温的高低还与要泡的茶的品种有关。

③ 泡茶的时间：与茶叶的老嫩和茶的形态有关。细嫩的茶叶比粗老的茶叶浸泡时间要短；形状松散的、碎形的茶叶比紧结的球形半球形茶冲泡时间要短；冲泡重香气的茶叶，如乌龙茶、花茶，时间不宜长；白茶加工时未经揉捻，叶细胞未遭破坏，茶汁不宜渗出，泡茶时间要延长。根据每种茶叶的茶性以及个人的喜好不同，泡茶时间有所不同，泡茶次数多了就会有经验，多长时间出汤会有感觉。

④ 冲泡的次数：与茶的种类、制造工艺、茶的好坏有关。

185 每种茶叶的泡法都一样吗

不同茶类的冲泡方法也不一样。

茶类	泡茶水温	泡茶时间	冲泡次数	适用茶具
绿茶	高档绿茶：75～80℃，大棕绿茶：90℃	40秒	3次，因为第一次冲泡时可溶性物质能渗出50%～55%，第二次冲泡浸出30%～35%，第三次浸出10%～15%	玻璃杯、玻璃盖碗、瓷壶
红茶	90℃	40秒	3～5泡	瓷壶、玻璃壶
乌龙茶	95～100℃，例如台湾茶为软枝乌龙，嫩度好，温度为90℃。中发酵的乌龙茶90～100℃，重发酵的乌龙茶100℃	30秒～1分。球形、半球形的乌龙茶40秒～1分钟，条形茶30秒	4～10泡	紫砂壶、盖碗
黑茶	100℃	15秒	耐泡	盖碗、紫砂壶
花茶	85～90℃	2分钟	3、4泡	盖碗、瓷壶、玻璃杯
白茶	70～100℃，老白茶宜用较高水温的沸水冲泡	1分钟	4～6泡	玻璃杯
黄茶	70℃	1、2分钟	1、2泡	玻璃杯
袋泡茶	90～100℃	1分钟	1、2泡	瓷杯

186 茶叶放多少有标准吗

茶叶的用量没有统一标准，通常根据茶叶种类和茶具的大小以及饮用习惯来决定。如果使用150毫升左右的茶壶，一般来说，冲泡红茶或者绿茶投茶量在3克左右；普洱茶可以投放5克左右；乌龙茶投放5～8克，或为壶容积的1/4～1/3。泡茶用量的多少，关键是掌握茶与水的比例，茶量放得少，浸泡时间要长。如果水温高，浸泡时间宜短；水温低，浸泡时间要加长。

187 泡茶有固定的时间吗

泡茶的次数多了，会慢慢培养出把握泡茶时间的感觉，每款茶多长时间出汤，凭的是经验和个人口味喜好。初学泡茶，可以参考每款茶各自的

"泡茶时间公式"。

比如：绿茶、红茶，3克茶，150毫升水，第一泡40秒，每多一泡可以加20秒；乌龙茶，多用小紫砂壶，茶量多，先用沸水温润一下球形半发酵茶，马上倒出，这样能使之后的第一泡茶更充分地浸出，同样第一泡40秒倒出，然后每多一泡加20秒。

稍稍增加冲泡时间，是为了前后茶汤浓度相同。此外，水温（高低）和茶叶（用量）影响冲泡时间（长短），一般水温高，用茶多，冲泡时间宜短；水温低，用茶少，冲泡时间宜短。

泡茶时间控制的原则和习惯如此，实际操作中应按饮茶者品味调整。

188 泡茶水温如何掌握

绿茶一般用80℃的水，茶越嫩水温越低，泡出的汤色明亮、嫩绿，滋味鲜爽，维生素不易被破坏；高温茶汤易变黄，滋味较苦，破坏维生素。花茶、红茶或中低档绿茶用85～90℃的水冲泡。乌龙茶用95℃以上的沸水冲泡。普洱茶、各种沱茶必须用100℃的沸水来冲泡。

茶则用于量取茶叶

一般情况下，水温与茶叶中有效成分在水中的溶解度呈正比。水温越高，溶解度越大，茶汤越浓；水温越低，溶解度越小，茶汤越淡。

189 一般哪一泡茶水的滋味更好

茶类不同，茶水的表现也不相同。绿茶、黄茶、白茶以第一、第二泡茶滋味较好，乌龙茶、红茶、黑茶一般泡茶时第一泡用来温润泡，目的是为了"醒"茶，第二、第三泡滋味较佳，一般冲泡五次后，茶叶中可溶于水的有益内含物就基本没有了。

190 刚开始学泡茶怎么判断茶是否泡好了

一般初学者把握不好茶叶用量、水温以及泡茶的时间，这时候可以借助一些工具来科学泡茶，泡茶次数多了，茶量、时间和温度就能掌握好了。

初泡茶都使用以下工具：

电子秤：用来准确测量茶叶用量。

温度计：可以测量水温，根据不同茶的需要，测量出适宜的水温泡茶。

计时器：可以计时，根据不同茶以及第几泡需要的时间来控制出汤时间。

191 初学者只要多泡茶就能提高技术吗

有了科学的方法，不断练习是提高泡茶技艺的重要途径，但更重要的是，练习泡茶时需要静下来用，专心冲泡。

泡茶是一件需要耐心的事情，不能心急，泡茶无法速成。另外，泡茶、喝茶是能让人静下心来做的事情，每天把心沉下来，静静地泡上一杯茶，用心体会，慢慢地，茶汤就会好喝，修养也会随之提高。

192 什么情况下茶就不宜再喝了

一般来说，绿茶、花茶冲泡3次，红茶冲泡4、5次，乌龙茶和普洱茶冲泡6、7次为宜。

第一泡茶中，茶叶60%的可溶物质已经浸出，第二泡可溶物浸出30%左右，后面每泡的浸出物就微乎其微了。冲泡次数过多，茶的味道会太淡，不好喝。泡得太久，或搁置时间太长的茶，茶水中容易滋生细菌，所以我们说不要喝隔夜茶。

193 泡茶的水温、时间长短和用茶量的关系是怎样的

泡茶的水温、泡茶时间长短和用茶量之间相互关联，一般水温高，用茶量多，冲泡时间宜短；水温低，用茶量少，冲泡时间宜短。而茶量和时间相同的情况下，水温越高，茶汤越浓，冲泡时间相对宜短；水温越低，茶汤越淡，冲泡时间相对宜长。

两外，每多泡一次，要延长20~40秒左右的时间出汤，才能达到相同或者类似的茶汤浓度。

194 什么叫"润茶"

"润茶"是泡茶的一个步骤，专业称为"温润泡"，适用于某些外形比较紧结的茶叶，如乌龙茶、普洱茶等。同时温润泡可以提升茶体的温度，利于茶香的发挥。

但绿茶、红茶等茶叶，原料细嫩或外形细碎，制作时揉捻充分，茶中的营养物质极易浸出，就不需要温润泡了。

是否需要润茶，可依照个人习惯。一般情况下，冲泡黑茶时多会润茶（1、2次）。值得一提的是，有人称润茶为"洗茶"，认为可以洗掉茶中的灰尘、污物或农药残留，这是缺乏科学依据的说法。

195 冲泡绿茶的要点是什么

泡茶时间：不润茶，第一泡约为40秒，每多一泡加20秒。

茶量：150毫升水，3克茶。

水温：80～85℃。

冲泡次数：3次。

茶具：玻璃杯、玻璃壶。

方法：上投法、中投法和下投法。

白茶、黄茶与绿茶冲泡方法类似。

196 什么是上投法

上投法是先放水再投茶，适用于冲泡细嫩原料的茶叶。以玻璃杯和绿茶为演示对象，先将沸水注入玻璃杯2/3，等水温降低到80℃左右，将3克绿茶投入玻璃杯中，约1分钟后，茶叶可品饮。十大名茶中的碧螺春宜用上投法，因为碧螺春芽叶细嫩，满披茸毛，泡茶水温不能高，也不宜用水直接砸茶叶。

上投法对选取的茶叶要求比较高，太松散茶叶不适合用上投法。

197 什么是中投法

中投法是先放水，再投茶，之后再次冲水的投茶法。以玻璃杯和绿茶为演示对象，先将沸水注入玻璃杯1/3左右，再将茶叶投入，轻轻摇动玻璃杯，闻茶叶香气，约20秒钟后，再注入温水，约30秒钟后便可品饮。

中投法适用于中高档茶叶的冲泡。

198 什么是下投法

下投法是先投茶再冲水。以玻璃杯和绿茶为演示对象，先将3克茶叶

上投法　　　　　　　　　　中投法　　　　　　　　　　下投法

置于玻璃杯底中，再沿着杯壁注入冷却到80℃左右的沸水，闻茶香，静静等待20秒钟后，然后注入水到玻璃杯的2/3，片刻即可品饮。下投法投茶后也可一次完成冲水。

下投法主要适用于扁平、轻、不易下沉的茶叶，比如西湖龙井、白茶龙井等。

199 为什么绿茶只适合沏泡三次

据测定，绿茶第一次泡时，可溶性物质浸出50%～60%，其中氨基酸浸出达80%，咖啡因浸出达70%，茶多酚浸出约为45%，可溶性糖浸出低于40%；第二次泡时，可溶性物质浸出30%左右；第三次泡时，可溶性物质浸出仅10%；第四次泡时，浸出物所剩无几。

200 为什么绿茶不润茶

不是所有茶冲泡前都适合润茶，尤其是高档明前绿茶。

绿茶的制作工艺简单，芽叶都比较细嫩，即使润茶时快速倒掉水，茶中的营养物质也会因浸出于被倒掉的水中而流失，这是极大的浪费。

201 冲泡红茶的要点是什么

泡红茶清淡为宜，适量为佳，随泡随饮，饭后少饮，睡前不饮。

泡茶时间：第一泡约为40秒，每多一泡延长20秒。

茶量：150毫升水，3克茶。

水温：90℃左右。

冲泡次数：好的红茶可冲泡4、5甚至7、8次。

茶具：玻璃杯、茶壶、盖碗。

方法：下投法。

如红茶原料细嫩，泡茶时应适当降低水温。如果是红碎茶，通常只冲泡一次，第二次再冲泡滋味就显得很淡薄了。

202 泡黑茶应该注意什么

黑茶多为紧压茶，泡茶前应解散成小片。冲泡黑茶最好润茶，需使用100℃沸水，必要时可再重复1、2次润茶。

茶与水的比例为1∶50～1∶30，最好选用紫砂或者陶壶，生茶可以冲泡8～10泡，熟茶可以泡到15泡左右，也可以煮饮。冲泡的时间大致是先短后长，润茶后第一泡时间约15秒（一般根据茶叶的年限和档次不同，冲泡的时间不同）第三、四泡后每泡时间适当延长。每泡将茶汤倒出时尽量将茶汤控净。普洱茶耐冲泡，一般可冲泡8次以上。

203 用盖碗泡饮乌龙茶应注意什么

①水不宜加得太满，加水时，水不要超过碗盖。

②以欲出茶汤时碗盖倾斜可见茶水为好，以免烫手。

③盖子保持前低后高放置，低位为出水口，水线可保持在最低位置。

泡乌龙茶时，水温95℃左右。乌龙茶最好喝热茶，泡好的茶最好在30分钟内喝掉。不要饭前、饭后1小时内喝乌龙茶。空腹时、睡觉前不宜饮用乌龙茶，女性生理期不宜饮用乌龙茶。

碗盖斜放

204 泡花茶应注意什么

泡花茶一般选用玻璃杯或盖碗。花茶是一种再加工茶，水温可以根据花茶茶坯来决定，比如冲泡绿茶做茶坯的茉莉花茶水温85℃左右，冲泡用红茶作茶坯的荔枝红茶水温90℃左右。花茶不用润茶，冲泡3、4次为宜。

205 冲泡白茶白毫银针时应注意什么

为便于观赏，冲泡白毫银针通常以无色无花的直筒形透明玻璃杯为好，这样可从各个角度欣赏杯中茶叶的形色和变化。泡茶用95℃的开水，放茶叶后先冲入少许水，使茶叶浸润10秒钟左右，之后用高冲法冲入150毫升左右开水。

206 冲泡黄茶君山银针应注意什么

用玻璃杯冲泡，可采用中投法沏泡，茶叶不要放得太多，以免太浓。君山银针比较不耐泡，第一泡滋味甘甜爽口，而第二泡滋味就非常淡薄了，如果非常追求滋味纯美就只喝第一泡的茶汤。

207 初学者怎样把握投茶量

初学者可以用电子秤来准确测量茶叶克重，多次练习取茶、泡茶后，慢慢就可以掌握好用茶量了。

另外，根据每款茶的不同，可以用茶则来简单量取茶叶，逐渐把握取茶量。还可以根据茶壶大小，按干茶占茶壶容积估算，再配合电子秤量取茶叶，有了茶壶容积和茶叶克重比例的感觉后，就能比较准确地投茶了。

茶秤

总的原则还是要多练习。

208 怎样取茶并将茶叶投入泡茶的器具

为了洁净，也为了保持茶叶的干燥，用手直接从茶叶桶里拿抓茶叶不可取。

从茶叶桶里取茶叶应使用茶则，右手持茶则，取出茶叶后转到左手，再用茶匙协助，将茶叶拨至泡茶器具中。如果用壶口较小的茶壶泡茶，为了防止茶叶外落，可以在茶壶上放置茶漏。

209 冲水为什么要高冲

高冲也叫悬壶高冲。放好茶叶之后，一般是用左手将随手泡提高注水，使热水冲击茶叶，以更利于茶叶的浸出，泡出茶的好滋味，也可使水温稍稍降低。

210 为什么要淋壶

如果选用紫砂壶泡茶，在泡茶过程中，一般都会顺手冲淋一下壶身，一是为了冲掉壶身的茶渍，二是为了保持壶内的温度，以温度激发出茶的韵味与精华，同时增加茶汤的温润细腻或者层次，顺便养壶。

211 为别人泡茶应注意什么礼仪

① 泡茶前询问喝茶者习惯喝浓一点还是淡一点。

② 泡茶时注意依照喝茶者的喜好或习惯选择茶具。

③ 泡茶时要高冲水让茶叶上下翻滚，茶汤均匀；斟茶时要低斟茶才能使茶香不散失。

④ 动作、语言都应礼貌、柔和。

212 泡茶时还应注意哪些细节

泡茶看似容易，将茶叶置于壶内，注入开水，稍等片刻，将茶汤沥出，就完成了"泡茶"。然而，静心观茶、识茶，钻研茶的特质，才能泡好茶。泡茶过程中诸多细节，均应静心体会。

拨茶

取茶

高冲水

① 择水是泡好茶的重要环节。水是茶之母，各式矿泉水、纯净水、蒸馏水、自来水等需要比对，泡茶时选用最适宜这种茶的水。

② 如用炭火煮水，需要煮水功夫。掌握火候，水沸之后不宜久沸。

③ 把茶泡好需要好壶。需细心挑选出水流畅、壶盖壶身密合好的茶壶。

④ 依照茶的特点选配合适的茶具和茶道具，不宜一种器具泡尽所有茶类。

⑤ 新壶与久置不用的茶壶需要格外小心使用，新壶需沸水浇淋或试泡几次；久置不用的茶壶再泡茶时需要清洗干净，避免串味而影响茶性，最好一壶一茶。

⑥ 保持壶具清洁是泡好茶的前提。向壶内冲水或壶身浇水可起到洗涤、通透气孔的作用。

⑦ 注意饮茶人数，及时增减茶杯，杯具选配得当。

⑧ 投放茶量、冲水量、茶类与水温丝毫不可马虎。

⑨ 知茶性，识茶类，选用不同行茶法。

⑩ 可视茶叶粗松紧密程度称量茶叶，也可按选用的茶具来定置茶量，还可先定投茶量再定冲水比例。

⑪ 环保意识在泡茶的应用过程中需要维护，减少淋壶节省饮用水，"茶最宜精行俭德之人"。

⑫ 奉茶有礼仪，手法有规矩。盖碗应盖、碗、托三合一使用，品茗杯持拿姿势很重要，既要保持优雅的姿态，也要体现茶之美。

⑬ 潮汕地区的凤凰三点头、江浙一带泡绿茶沿着杯壁慢慢旋转半圈注水，诸法依茶使用，以茶为本。

⑭ 多学习，多请教。正确的品茗习惯决定茶客品饮高度与专业与否。喝日本抹茶应啧啧有声，以示对主人

淋壶

刮沫

动作轻柔有礼

的尊崇；喝工夫茶若一饮而尽，则无法体会茶的滋味，尽享茶的芬芳。

⑮ 泡完茶后清洗茶具是常规。常有人为了使好茶的茶汤充分浸润茶壶，而长时间让茶水在壶中存留，以致茶汤变味，这样会适得其反。

⑯ 茶滤网要勤冲洗，不混合使用。

⑰ 用盖碗泡茶，出完茶汤碗盖半开，以免焖茶；泡茶时盖碗溢出的水应该及时倒掉。

⑱ 冷却后的茶具，使用前应先温烫。

⑲ 冲泡出来的茶汤上泛起的泡沫应刮去。

⑳ 如果冲泡出来的茶汤太浓，可以再泡一道淡的，倒入公道杯中，使浓淡相调和。

以上细节只是高手泡茶时应注意的部分细节，自己泡茶中多多总结思考，你会发现泡茶中乐趣无穷。

怎样泡茶

了解了茶叶的特性，

注意择水、把握水温和投茶量，

熟悉了自己的茶具，

此后一次一次泡茶实践、调整，

只为能泡出自己喜欢的那杯茶。

冲泡绿茶

绿茶的原料主要为嫩芽嫩叶，宜选用玻璃杯冲泡，直观地让客人看到清汤绿叶的茶在杯中上下漂舞。绿茶杯泡每杯用茶量一般3～5克。

213 西湖龙井玻璃杯冲泡法的步骤是怎样的

茶具：玻璃杯、水方、茶荷、茶匙、茶仓（内装茶叶，下同）、茶巾、随手泡。

水温：75～80℃。

投茶方法：采用下投法。

特别提示：泡茶前一定要将手洗干净（后同）。

步骤：

① 介绍茶具和茶叶。

② 温杯，倒入1/3杯沸水，转动玻璃杯温烫后倒掉水。

③ 赏茶置茶：将茶用茶匙拨至茶荷中，双手拿起茶荷，从右侧起让客人赏茶，之后均匀地将茶拨置玻璃杯中。

④ 温润茶叶，倒入1/3杯沸水。

⑤ 稍停，冲水至七分满（高冲）。

⑥ 奉茶。

注意事项：泡茶前应检查茶具是否整洁齐全，同时注意茶具的材质搭配，根据客人的人数拿取茶具，做到以茶待客，人人平等。

2 温杯，冲入1/3杯水

温杯

3 赏茶

置茶

4 温润茶叶

摇香

5 冲水至七分满

6 奉茶

214 绿茶盖碗沏泡法的步骤是怎样的

茶具：盖碗、水方、公道杯、品茗杯、茶仓、茶荷、茶匙、茶巾、随手泡。

水温：75℃。

投茶方法：采用下投法。

步骤：

① 摆放茶具，按泡茶的顺序合理地将茶具摆放好。

② 先用热水将盖碗温热。

③ 根据盖碗的大小，按照茶与容积1 30的比例置茶。

④ 冲入沸水，浸泡2分钟。

⑤ 将盖碗中的茶汤倒入公道杯。

⑥ 揭盖闻香。

⑦ 分茶入品茗杯饮用。

2 温热盖碗

3 置茶

4 冲水泡茶

6 揭盖闻香

215 西湖龙井简易沏泡法的步骤是怎样的

茶具：飘逸杯、茶仓、随手泡、茶匙、茶巾。

水温：80℃左右。

步骤：

① 用热水将飘逸杯温热。

② 放置茶叶或茶包于内杯。

③ 冲入开水并盖上杯盖。

④ 茶叶浸泡2分钟后按下出水按钮，茶水流入外杯。

⑤ 将茶水倒入小杯，供多人分享；内杯可以继续冲泡。

216 碧螺春玻璃杯沏泡法的步骤是怎样的

碧螺春的冲泡极具艺术美感，应选用洁净透明的玻璃杯。

茶具：玻璃杯、水方、茶匙、茶仓、茶荷、随手泡。

水温：75～80℃。

投茶方法：采用上投法。

上投法—先冲水　　　　　　　　　上投法—再投茶

步骤：

① 温杯，将热水注入杯的1/3，轻轻旋转杯子，再将水倒出。温杯的目的在于提高杯子的温度。

② 取茶，将茶叶拨至茶荷中待用。

③ 冲水，注入降温至合适温度的沸水至杯的七成满。

④ 置茶，将茶叶徐徐拨入杯中，满披茸毛的细嫩茶芽吸水后沉降舒展，茶汤渐显玉色，清香扑鼻，正合"入山无处不飞翠，碧螺春香百里醉"的诗句。置茶时要均匀。

⑤ 浸泡时间为2分钟，之后就可以品饮了。

碧螺春杯泡方法与杯泡龙井茶类似，不同之处是采用先冲入水，再投茶的上投法。

217 碧螺春简易沏泡法的步骤是怎样的

茶具：玻璃壶、品茗杯（玻璃）、茶匙、随手泡、茶巾、水方。

茶叶：3、4克。

水温：80℃。

步骤：

① 将热水冲入壶中，依次将茶壶内的水注入品茗杯中，再将茶杯中的水旋转倒入水方，洁净茶具的同时温热器具。

② 置茶，用茶匙将茶拨入壶中。

③ 冲入热水，泡2分钟。

④ 将泡好的茶汤倒入品茗杯中，品饮。

218 太平猴魁玻璃杯沏泡法步骤是怎样的

茶具：透明玻璃杯、水方、茶匙、茶巾、茶仓、随手泡。

水温：80℃。

投茶方法：采用下投法。

步骤：

① 温杯洁具，用开水温玻璃杯。

② 置茶，茶叶放入玻璃杯中，根部朝下，赏茶形。

③ 冲泡，冲水至杯的七分满。静置2分钟后直接饮用，或将茶汤分离出来饮用，口感更佳。品质好的猴魁能冲泡3、4泡。

取放茶叶时要小心，猴魁茶叶长而紧直，易折断。

219 黄山毛峰玻璃杯沏泡法的步骤是怎样的

茶具：高口玻璃杯、黄山毛峰（特级）、随手泡、茶荷、茶仓、茶巾、水方。

水温：75℃。

投茶方法：采用中投法。

步骤：

① 温杯，先向杯中注入开水至杯子的1/3处。之后倒掉温杯的水。

③ 冲水至茶杯1/3处，将茶叶拨至杯中，稍候片刻。

③ 然后再冲水至杯子的七分满。

④ 静置2分钟，待茶叶吸水徐徐下沉后便可饮用。

中投法需先注入少量水，投入茶叶，再注水至七分满。

备茶

1 温杯

2、3 置茶、泡茶

4 茶叶展开，品饮

冲泡红茶

220 祁门红茶瓷壶沏泡法的步骤是怎样的

茶具：瓷壶、公道杯、品茗杯、水方、随手泡、茶匙、茶巾、茶仓。

水温：90℃。

步骤：

①温具，将开水注入壶中，轻摇数下，再依次倒入公道杯、茶杯中，以洁净、温烫茶具。

②置茶，根据壶的大小，按每60毫升水1克干茶（红碎茶：70～80毫升水1克茶）的茶叶量，将茶叶放入茶壶。

③冲泡，将开水冲入壶。

④分茶，静置2分钟后，将茶汤倒入公道杯中，再倒入品茗杯中。

⑤品茶，欣赏完茶汤鲜红明亮的颜色后，品尝茶汤。

1 温具，冲水入茶壶

温烫公道杯

温烫茶杯

2 置茶

3 冲泡

4 分茶，出茶入公道杯

分茶入茶杯

5 赏茶色、品饮

221 袋泡红茶简易沏泡法的步骤是怎样的

茶具：白色有柄瓷杯、随手泡、茶巾、水方。

茶包：1个。

水温：90℃。

步骤：

①温杯，用开水冲杯，洁净茶具并温杯。

②置茶，放入袋泡红茶1包。

③冲水，开水高冲入茶杯，七成满，然后将茶碟盖在茶杯上，浸泡1分钟后，将茶包在茶汤中来回晃动数次。

④品茶。

222 奶茶沏泡的步骤是怎样的

红茶的调饮宜选用味道浓郁强劲的茶叶，如印度的阿萨姆红茶、锡兰的乌瓦红茶、非洲的肯尼亚红茶、英国的伯爵茶等，都是经典的调饮用茶。

茶具：有柄带托的茶杯、茶仓、滤网、随手泡、汤匙。

材料：CTC红茶、牛奶、糖（或蜂蜜）。

水温：90℃。

茶与牛奶的比例：1：1或1：2。

①温杯，将开水注入壶中，持壶摇数下，再依次倒入杯中，以洁净茶具。

②置茶，用茶匙从茶仓中拨取适量茶叶入壶，根据壶的大小，每60毫升容量需要干茶1克。

③冲泡，开水高冲入壶。

④分茶，静置3～5分钟后，提起茶壶，轻轻摇晃，使茶汤浓度均匀，经滤网倾茶入杯。随即加入牛奶和糖（或蜂蜜），调味品用量的多少，可依每位宾客的口味而定。

⑤品饮，品饮时，需用汤匙调匀茶汤，进而闻香、品茶。

奶茶的另外一种制作方法"熬煮法"：准备一个熬煮奶茶的锅，放入

泡好红茶

加入牛奶

3/4的牛奶，1/4的水（可根据每人的口味变化），再按锅的容积放入几个红茶包，一起熬煮，大概20分钟左右，香气扑鼻的奶茶就做好了，再根据各人的口味添加蜂蜜、炼乳等。

223 柠檬红茶沏泡法的步骤是怎样的

茶具：有柄带托的瓷杯、随手泡、汤匙。

材料：红茶包1个、柠檬1片、蜂蜜。

水温：90℃。

步骤：

① 温杯，将开水注入杯中，洁净、温烫茶具。

② 置茶，将红茶包放入茶杯。

③ 冲泡，将开水冲入茶杯至七成满。

④ 分茶，静置3～5分钟后，轻晃茶包后提出，加入1片柠檬和1、2匙蜂蜜。

⑤ 品饮，用汤匙调匀茶汤，品尝。

冲 泡 乌 龙 茶

224 乌龙茶紫砂壶沏泡法的步骤是怎样的

茶具：茶船、紫砂壶、公道杯、滤网、品茗杯、茶巾、茶匙、茶仓、随手泡。

水温：90～100℃。

步骤：

① 赏茶，取出茶叶，请大家欣赏干茶。

② 温具，将沸水倒入茶壶，再倒入公道杯，之后倒出。

③ 置茶，将茶拨入茶壶。

④ 温润泡，将热水注入壶中，再将壶中润茶水倒入公道杯。

⑤ 冲泡，正泡第一泡。将公道杯中温润泡的茶水倒入闻、品杯后倒去。

⑥ 斟茶，将浓淡适度的茶汤倒入公道杯中。

⑦ 分茶，将泡好的茶分别倒入闻香杯中，再将茶倒入品茗杯。

⑧ 闻香，闻杯中香气，品饮，一杯茶分三口喝，细细体味茶的美。

1 赏茶

2 温具

温公道杯

3 置茶

▼

4 温润泡

温润泡的茶水倒入公道杯

5 冲泡，第一泡

润茶水倒入闻、品杯（温烫）

倒去润茶温杯的水

6 斟茶入公道杯

7 分茶入闻香杯

再倒入品茗杯

9 闻香

品饮

225 铁观音盖碗沏泡法的步骤是怎样的

茶具：茶船、盖碗、公道杯、滤网、品茗杯、茶巾、茶匙、茶夹、随手泡、茶仓。

水温：95～100℃。

步骤：

①温具，将盖碗温热，温盖碗的水再温、品茗杯。

②置茶，将备好的茶置入碗中，放置盖碗容量1/3的茶叶（或按每60毫升容量干茶1克茶的比例）。

③润茶：将沸水冲入盖碗中，然后立即将水倒入公道杯中。

④闻香，此时香气全部附着在盖子上，可拿起碗盖闻香。

⑤冲泡，以高冲的方式将水注入碗中约九成满，盖上盖子。

⑥分茶：经滤网将浓淡适度的茶倒入公道杯中。使其浓度一致，再分别倒入品茗杯。

⑦品饮：细细体味铁观音茶汤的香醇。

冲 泡 白 茶

226 白毫银针玻璃杯沏泡法的步骤是怎样的

茶具：玻璃杯、茶仓、水方、茶匙、茶巾、随手泡。

水温：85℃。

步骤:

① 温具，将沸水注入杯中，旋转杯身，使杯身均匀预热，再将温杯的水倒入水方中。

② 置茶，用茶匙将茶叶置于玻璃杯中（3~5克）。

③ 浸润，冲入1/3杯热水，让杯中的茶叶浸润10秒钟左右。

④ 冲泡，用高冲法冲入热水至杯的七分满。

⑤ 品饮，边欣赏茶舞边品尝茶水。

白毫银针泡饮方法与绿茶基本相同，但因未经揉捻，茶汁不易浸出，冲泡时间宜较长。开始时茶芽浮于水面，5~6分钟后茶芽部分沉落杯底，部分悬浮茶汤上部，此时茶芽条条挺立，上下交错，有如石钟乳，蔚为奇观。约10分钟后，可边观赏边品饮，意趣盎然。

白毫银针

227 老白茶的煮饮步骤是怎样的

茶具：煮茶炉、煮茶壶、公道杯、品茗杯、茶艺用具、茶荷。

茶叶：老寿眉10克左右。

步骤：

① 置茶，将准备好的老白茶放入茶壶内。

② 润茶，向壶中注入沸水润茶，将水倒出。

③ 冲泡，向壶中注入适量沸水，放在炉上熬煮，时间长短可以根据自己的口味而定。时间长浓些，短则淡些。

④ 斟茶，将煮好的茶汤倒入公道杯中，然后分别斟倒在品茗杯中。

老白茶的沏泡方法有两种，一种是普通的沏泡，方法和新白茶的方法相同，主泡器可以选择紫砂茶具或陶制茶具。另外一种是煮泡法，下面我们介绍一下煮茶的步骤。

冲 泡 黄 茶

228 君山银针玻璃杯沏泡法的步骤是怎样的

茶具：透明度高的玻璃杯、水方、茶巾、茶匙、随手泡。

茶叶：3、4克。

水温：75℃。

投茶方法：中投法。

① 温杯，先用少许开水温热茶杯。

② 置茶，注入开水至1/3杯，随后用茶匙将茶叶徐徐拨入杯中。

③ 冲水，冲水至杯的七分满。茶芽刚开始浮在水面上，2、3分钟吸水后渐次直立，上下沉浮，并且在芽尖上有晶莹的气泡颤动，犹如雀舌含珠，好似春笋出土，非常美观。

④ 品茶。

君山银针

冲 泡 黑 茶

229 普洱熟茶陶壶沏泡法的步骤是怎样的

茶具：茶刀、茶菏、茶船、陶壶（容积为150～200毫升）、公道杯、滤网、品茗杯、茶巾、茶匙、茶仓、随手泡。

茶叶：解散的普洱茶熟茶5～8克（提前解散，放置一段时间"醒茶"）。

水温：95℃。

步骤：

① 温茶具，将壶温热，温壶的水再温公道杯，最后将水倒入品茗杯。

② 投茶，将备好的茶置入壶中。

③ 润茶，用沸水冲入壶中，迅速倒掉。

④ 冲泡，冲入沸水。

⑤ 出汤，快速将泡好的茶汤倒入公道杯。

⑥ 斟茶，倒去温杯的水，将公道杯中的茶斟入茶杯。

⑦ 品茶，品饮茶汤。

注意：因熟普茶汤浸出快，因此前几泡出汤一定要快，否则茶汤过浓。初试普洱茶的人，茶汤可以淡一些，喝的多了可以尝试略浓一些的茶汤。

1 温具，温烫茶壶

再温烫公道杯

2 投茶

4 温润茶后，冲入开水

5 出汤入公道杯

6 倒去温杯的水

斟茶

7 品茶

230 普洱生茶盖碗沏泡法的步骤是怎样的

茶具：茶刀、茶菏、茶船、盖碗（容积150～200毫升）、公道杯、滤网、品茗杯、茶巾、茶匙、茶仓、随手泡。

茶叶：解散的普洱生茶5～8克。

水温：95℃。

步骤：

① 温盖碗，将热水倒入盖碗中，再倒入公道杯、品茗杯中温具。

② 置茶，茶荷中的茶拨入盖碗中（投茶量根据茶的紧结程度而定）。

③ 润茶，使水流顺着碗沿打圈冲入盖碗至满；右手提碗盖由外向内刮

去浮沫即迅速加盖倒出水。

④冲泡，同样水流应顺着碗沿打圈冲入盖碗中。用杯盖挂去杯口漂流的泡沫。

⑤出汤，将泡好的茶汤倒入公道杯中。

⑥斟茶，将茶倒入品茗杯。

⑦品茶，细心品饮。

冲泡花茶

231 茉莉花茶简易沏泡法步骤是怎样的

茶具：飘逸杯、茶荷、水方、茶匙、茶巾、随手泡。

茶叶：3～5克

水温：90℃。

步骤：

①温杯，将水倒入后旋转一圈将水倒掉。

②置茶，将茶叶拨至飘逸杯中。

③冲水，将内胆冲满水。

④品饮，1、2分钟后将水滤出，即可饮用。

232 茉莉花茶瓷壶沏泡法的步骤是怎样的

茶具：瓷壶、品茗杯、水方、茶荷、茶匙、茶巾、随手泡。

水温：85～90℃。

茶叶量：5～10克（视茶壶容积大小而定）。

步骤：

①温壶，壶中注入热水，再将温壶的水倒入品茗杯中，温杯。

② 置茶，将准备好的茶叶拨置壶中。

③ 冲水，将水倒入壶中，泡茶2分钟左右。

④ 品茶，分茶入杯品饮。

233 玫瑰红茶盖碗冲泡法的步骤是怎样的

茶具：盖碗、水方、茶荷、茶巾、茶匙、随手泡。

茶叶：6克。

水温：85℃。

步骤：

① 温杯，将热水注入盖碗约1/3，温杯。

② 置茶，将茶荷中的茶叶拨置盖碗中。

③ 润茶，将热水注入盖碗的1/3，浸润茶叶，迅速倒出水。

④ 冲水，冲水置盖碗的八分满。

⑤ 品茶，将盖子掀起闻香，再欣赏汤色，慢慢品茶。

怎样品茶

如若完美，

品茶需有好天气，

有解风情、懂风雅的朋友，

还有洁净的器具、甘美的泉水和清风修竹，

更重要的是懂得如何品鉴茶的美。

234 喝茶、饮茶与品茶的区别是什么

喝茶是为了解渴，渴了可以大碗喝茶，不必拘泥于形式，即使特别讲究文雅的人也有很随意粗放的时候。

饮茶则不同，当有闲暇时间，邀约几位知己细品慢饮，飘忽的芽叶似翩飞的生灵，舒展着每个人的心绪和情愫，品茶赏艺，最为惬意，最利于养生和增进感情。

品茶，茶分三口为品，小抿一口，平心静气，将杂念俗生拒之千里，全身心体会茶水的甘美，这是所谓"清福"；茶在口中回旋，细品出茶的苦、甜、涩，于细品茶之味道间感悟生命，怀古幽思。

三者间由物质到精神，逐层递进深入。

235 品茶需具备的四要素是什么

① 雅致的环境。首先，必须有一个很适合喝茶的环境，或在家中独辟茶室，或占家中客厅、飘窗处一个区域，或在中式、西式或日式茶艺馆中。品茶时可以听音乐、抚琴、焚香、赏画等。

品茶环境需雅致

②精美的茶具。可以根据自己的喜好来准备茶具，可以根据茶室的整体风格来选用茶具，也可以根据所泡的茶叶来搭配茶具。

③上好的茶叶。茶叶贵在适口，一般在信誉好的茶店购买的茶叶较有保障。可根据季节或者自己的喜好来选择适合自己的茶叶。

④适合的方法。每类茶都有不同适合的沏泡方法，选好茶叶，选对了合适的茶具，更重要的就是适合的沏泡方法。

236 如何品绿茶

绿茶目前是我国产销量最高的茶类，也是广大民众最喜欢的一类茶。绿茶名品繁多，产地不同，形态各异，单是那些奇妙动听的名字，就足够令人浮想联翩了。

品饮名优绿茶，冲泡前，先可欣赏干茶的色、香、形。名优绿茶的造型因品种而异，或条状，或扁平，或螺旋形，或针状等；其色泽，或碧绿，或深绿，或黄绿，或自里透绿等；其香气，或奶油香，或板栗香，或清香等。

冲泡时，倘若采用透明玻璃杯，则可观察茶在水中的缓慢舒展，游弋沉浮，这种富于变幻的动态，被称为"茶舞"。

冲泡后，端杯（碗）闻香，此时，汤面冉冉上升的雾气中夹杂着缕缕茶香，使人心旷神怡。接着是观察茶汤颜色，或黄绿碧清，或淡绿微黄，或乳白微绿，或隔杯对着阳光透视茶汤，还可见到有微细茸毫在水中闪闪发光，这是细嫩名优绿茶的一大特色。

端杯小口品吸，尝茶汤滋味，缓慢吞咽，让茶汤与舌头味蕾充分接触，则可领略到名优绿茶的风味；若舌和鼻并用，还可从茶汤中品出嫩茶香气，有沁人肺腑之感。品尝头泡茶，重在品尝名优绿茶的鲜味和茶香。品尝二泡茶，重在品尝名优绿茶的回味和甘醇。至于三泡茶，一般茶已淡，也无更多要求。

总体而言，从干茶开始，到观叶底止，茶之"品"自始至终从三个方面去进行：观色，闻香，品味。不同的茶类，品赏的重点却各有不同。

237 什么是茶舞

沏泡绿茶大都采用透明玻璃杯，以便观察茶在水中的缓慢舒展、漂动等一系列变化，如茶在水中起舞，故被称为"茶舞"。

沏泡绿茶一般不加盖，倒入热水之后，茶叶徐徐下沉，有先有后，有的直线下沉，有的缓缓下降，有的上下沉浮之后再降到杯底。汤面水气伴茶香，闻之令人心旷神怡，观察茶汤颜色也是以绿为主，以黄为辅，还可看到汤中有细细茸毛。

238 什么是"毫浑"

喜欢喝绿茶的人一定知道，像洞庭碧螺春、信阳毛尖等茶在冲泡出来的茶汤里会有一些微浑，细看，会发现有无数细小的茶毫悬浮在茶水中。这种微浑又称"毫浑"。

有些茶品越好茶毫越多，这表明了原料的细嫩程度。但不是所有的茶都有毫浑且茶毫越多越好。平时应多学习积累茶叶的相关知识，否则很容易被误导，认为绿茶浑浊才是好茶。

毫浑

239 如何品红茶

近几年随着金骏眉的热销，带动整个红茶市场，喜欢喝红茶的人也越来越多。

红茶的特征是汤色红艳明亮，细嫩的滇红茶汤冷后会有特殊的"冷后浑"。香气是浓郁的花果香或焦糖香，入口的滋味则是醇厚略带涩味。

品红茶的韵味，首先将茶汤含在口中，像含着鲜花一样慢慢咀嚼，细细品味茶汤的滋味，吞下去时还要注意感受茶汤过喉时是否爽滑。

240 什么是红茶的"金圈"

高档红茶在冲泡之后汤色红艳，白色的茶杯与茶汤接触处会有一圈金黄色的光圈，就是我们俗称的"金圈"。

形成红茶茶汤边缘"金圈"的主要物质是茶黄素，它对红茶的色、香、味以及品质起着极为重要的作用。一般说来，"金圈"越厚越亮，证明红茶品质越好，这也就是为什么沏泡红茶一定要用白瓷制品才能看到。

红茶的金圈

241 如何品乌龙茶

品饮乌龙茶时，用右手拇指、食指捏住杯沿，中指托住茶杯底部，雅称"三龙护鼎"，手心朝内，手背向外，缓缓提起茶杯，先观汤色，再闻其香，后品其味，一般是三口见底。饮毕，再闻杯底余香。

品饮乌龙茶强调热饮，用小壶高温冲泡，品杯则小如胡桃。每壶泡好的茶汤，刚好够3个茶友一人一杯，要继续品饮，需继续冲泡，这样，每一杯茶汤在品饮时都是烫口的。品饮乌龙茶因杯小、香浓、汤热，故饮后杯中仍有余香，这是一种更深沉、更浓烈的"香韵"。

品饮台湾乌龙茶时，略有不同。泡好的茶汤首先先倒入闻香杯，品饮时，要先将闻香杯中的茶汤旋转倒入品杯，嗅闻杯中的热香，再端杯观汤色，接着即可小口啜饮，三口饮毕，再持闻香杯探寻杯底冷香，留香越久，则表明这种乌龙茶的品质越佳。

品饮乌龙茶时，很讲究舌品，通常是啜入一口茶水后，用口吸气，让茶汤在舌的两端来回滚动而发出声音，让舌的各个部位充分感受茶汤的滋味，而后徐徐咽下，慢慢体味颊齿留香的感觉。

242 何谓武夷岩茶的"岩韵"

岩韵是指武夷岩茶所具有的岩骨花香之韵，是生长在武夷山风景区内的乌龙茶优良品种鲜叶，经武夷岩茶传统制作工艺加工而形成的茶叶的香气和滋味。"岩韵"是武夷岩茶独有的特征，岩韵的有无取决于茶树生长环境，岩韵的强弱还受到茶树品种、栽培管理和制作工艺的影响。不同的茶树品种，岩韵强弱不同；非岩茶制作工艺加工则体现不出岩韵；精制焙火是提升岩韵的重要工序。

243 何谓铁观音的"观音韵"

观音韵主要是入口及入喉的感觉、味道的甘甜度、入喉的润滑度及回味的香甜度。好的铁观音气味带有兰花香，回味香甜，入口细滑，喝上三四道之后两腮会有口水涌动之感，闭上嘴后用鼻出气可以感觉到兰花香。"铁观音"既是茶名，又是茶树品种名。此茶外形条索紧结，有的形如秤钩，有的状似蜻蜓头，由于咖啡因随着水分蒸发，茶表面形成一层白霜，称作"沙绿起霜"。铁观音冲泡后应趁热细啜，满口生香，喉底回甘。

244 凤凰单枞茶特色香型的韵味特点是什么

凤凰单枞特色香型茶及其特点为：

①蜜兰香：滋味醇厚回甘，有"浓蜜幽兰"的独特韵味，饮后满口生香，而且蜜兰香型单枞茶冲泡的时候在几步之外就能闻到香味，饮后回味无穷。

②桃仁香：条索紧细，乌褐色，香气尚清高，汤色浅黄，桃仁滋味较浓，韵味独特。

③肉桂香：花蜜香浓郁甜长，显肉桂香味，"山韵"突出，滋味醇厚甘滑。

④杏仁香：条索紧结壮直，浅黄褐色、油润，香气清高，汤色浅黄明亮，杏仁蜜韵味醇爽且持久，而且耐泡。

⑤芝兰香：芝兰花香幽雅细长，滋味醇厚回甘，汤色橙黄明亮，极耐冲泡。

⑥姜花香：又名"通天香单枞"，因茶叶有突出的姜花香味，香气冲天，故茶农称为"通天香"；天然姜花香气馥郁持久，滋味浓醇爽口，有明显的姜花香韵，回味甘滑，极耐冲泡，饮后齿颊生香。

单枞

生茶茶汤与熟茶茶汤

245 普洱茶熟茶如何品香气

普洱茶的香气特点就是陈香。普洱茶在后发酵过程中，以茶多酚为主的多种化学成分在微生物和酶的作用下，形成了一些新的物质所产生的综合香气，有的似桂圆香，有的似槟榔香等，是一种令人感到舒服的气味。如同乌龙茶中铁观音有"音韵"，武夷岩茶有"岩韵"一样，普洱茶所具有的是陈韵，这是普洱茶香气的最高境界。如有霉味、酸味等则为不正常。

246 如何品白茶

白茶分新白茶和老白茶。新茶口感较为清淡，品饮时会有一种茶青味，清新宜人，鲜爽可口。老白茶在茶汤颜色上要比新茶深一些，老白茶头泡会带有淡淡的中药味，但是口感醇厚清甜。

247 如何品黄茶

黄茶的特征是黄叶、黄汤，黄茶黄汤明亮，香气清悦，滋味醇和、鲜爽，回甘较强。

248 如何品茉莉花茶

品饮之前先闻香，茉莉花的香气应纯净、轻灵、鲜活，茶香与花香并现。待茶汤稍凉适口的时候，小口喝入，将茶汤在口中稍做停留，以口吸气、鼻呼气相配合的动作，使茶汤在舌面上往返流动，充分与味蕾接触，品尝茶叶和香气之后再咽下。茉莉花茶茶香与茉莉香交织，感觉茉莉香漂浮在唇舌之间，并香透肺腑。

茉莉花茶

249 品鉴干茶时应注意什么

品鉴干茶时，应注意以下几点：

① 茶叶的干燥度，含水量应为3%～5%。

② 干茶茶形是否匀整、一致。

③ 干茶颜色、光泽、油润度是否符合该类茶的特征。

④ 闻干茶，是否有应有的清香，有无异味。

滇红干茶

250 品鉴茶香时应注意什么

① 最适合嗅闻茶叶香气的温度：45～55℃，如果超过此温度会感到烫鼻，低于30℃时，对烟、木气等气味很难辨别。

② 嗅闻茶香时时间不宜过长，以免因嗅觉疲劳失去灵敏感。

③ 闻香过程：吸1秒—停0.5秒—吸1秒，依这样的方法嗅出茶叶的高温香、中温香、冷香。

闻香

④ 在闻香的过程中应辨别茶香有无烟味、油臭味、焦味及其他异味，同时闻出香气的高低、长短、强弱、清浊、纯杂。

251 品赏茶的滋味时应注意什么

① 首先应了解舌头的味觉器官。舌头由舌根、舌体和舌尖组成。舌头各个部位与感觉到的滋味的关系为：舌根——苦味；舌尖——甜味；舌缘两侧后部——酸味；舌尖与舌缘两侧前部——咸味；舌心——鲜味和涩味。

② 品味茶汤的温度：40～50℃为宜，高于70℃味觉器官易烫伤，低于30℃时，味觉品尝的灵敏度较差。

③ 品味的方法：一口茶汤的量为5毫升左右，过多会感到口中难于回旋辨别；过少觉得嘴空，也影响辨别。应将5毫升茶汤在3、4秒内在口中回旋两次、品味三次即可。

④ 品味茶汤的滋味重点为：茶汤的浓淡、强弱、爽涩、鲜滞、纯杂。

⑤ 注意事项：速度不能快，不宜大量吸，以免食物残渣从齿间中被吸入口腔与茶汤混合，影响茶汤的辨别；不能吃刺激的食物，如辣椒、葱蒜、糖果等；不宜吸烟、饮酒，以利保持味觉和嗅觉的灵敏度。

252 品鉴叶底时应注意什么

品鉴叶底靠触觉和视觉。

① 分辨叶底的老嫩度。

② 辨别叶底的均匀度、软硬、薄厚、光泽。

③ 辨别叶底有无杂质和异常损伤。

绿茶叶底

乌龙茶叶底

253 品茶前怎样考虑茶具与品茶环境的搭配

选择茶具，首先要了解茶叶的茶性、品茗的环境、人的多少。雅致的茶具冲泡品饮香醇的茶品，两者相得益彰，使人在品茗中得到精神享受。茶具的形状、色彩的搭配、质地的选择均应与品茶环境、茶席铺垫、插花等共同营造的品茶环境相和谐。

254 品茶前怎样考虑茶具与茶的搭配

①细嫩的名优绿茶，可用无色透明、无刻花的玻璃杯冲泡，边冲泡边欣赏茶叶在水中缓慢吸水舒展、徐徐浮沉的姿态，领略"茶之舞"的情趣。其他一般绿茶可选用白色瓷杯冲泡饮用。

②冲泡中高档红茶、绿茶，如工夫红茶、眉茶、烘青和珠茶等，应以闻香品味为首要，而观形略次，可用瓷杯直接冲饮。低档红、绿茶，其香味及化学成分略低，用壶沏泡，水量较多而集中，有利于保温，能充分浸出茶的内含物，可得到比较理想的茶汤，并保持香味。

③工夫红茶可用瓷壶或紫砂壶来冲泡，然后将茶汤倒入白瓷杯中饮用。红碎茶干茶茶形细碎，用茶杯冲泡时茶叶悬浮于茶汤中，不方便饮用，宜用茶壶泡沏。

④乌龙茶宜用紫砂壶冲泡；袋泡茶可用白瓷杯或瓷壶冲泡。

⑤高档花茶用盖碗或带盖的杯冲泡，可防止香气散失；普通低档花茶，则用瓷壶冲泡，可得到较理想的茶汤，保持香味。

⑥冲泡和品饮红茶、绿茶、黄茶、白茶，均可用盖碗。

255 品茶前怎样考虑茶具颜色与茶的搭配

茶具无论何种材质，通常可分为冷色调与暖色调两类。冷色调包括蓝、绿、青、白、灰、黑等色，暖色调包括黄、橙、红、棕等色。用多色装饰的茶具可以主色划分归类。茶器颜色与杯中茶叶相配，茶杯内壁以白色最为保险和常见，白色能真实体现茶汤色泽与明亮度。应注意茶具中壶、盅、杯的颜色搭配，再辅以船、托、盖置颜色协调，力求浑然一体。最后以主茶具的色泽为基准，搭配辅助用品。

①绿茶类：名优茶可选择透明无花纹、无色彩、无盖玻璃杯或白瓷、青瓷、青花瓷无盖杯；大宗绿茶夏秋季可用无盖、有花纹或冷色调的玻璃杯；春冬季可用青瓷、青花瓷等各种冷色调瓷盖杯。

②红茶类：使用紫砂（杯内壁上白釉）、白瓷、白底彩瓷、各种颜色釉瓷的茶壶、盖杯、盖碗、咖啡壶具等。

②乌龙茶类：轻发酵及重发酵类茶宜用白瓷及白底彩瓷壶、杯或盖碗、盖杯；半发酵及轻焙火类茶宜用朱泥或灰褐系列炻器壶、杯；半发酵及重焙火类茶宜用紫砂壶、杯。

④白茶类：宜用白瓷或黄泥炻器壶杯，或用反差极大的颜色釉瓷、黑瓷茶具，以衬托白毫。

⑤黄茶类：宜用奶白瓷、黄釉颜色瓷和以黄、橙为主色的彩瓷壶、杯、盖碗和盖杯，深色、黑色瓷亦可。

⑥花茶类：宜用青瓷、青花瓷、斗彩、五彩等品种的盖碗、盖杯、壶杯套具。

256 品茶前怎样考虑茶具质地与茶的搭配

茶具质地主要是指茶具的致密程度，比较致密的茶具材质如瓷、玻璃等，比较疏松的茶具如各种陶茶具。根据不同茶叶的特点，选择不同质地的器具，才能相得益彰。

①　质地疏松的茶具：适合冲泡如铁观音、水仙、普洱等香气浓郁的茶。典型的如陶器中的紫砂壶，因其气孔率高、吸水量大，故茶泡好后，香气未显损失，并尤显醇厚。

②　质地致密的器具：因气孔率低、吸水率小，可用于冲泡清雅风格的茶，如冲泡各种名优茶、绿茶、花茶、红茶及清香乌龙等，泡茶时茶香不易被吸收，显得特别清冽。

③　施釉陶器：原本较为疏松的陶器，但若在内壁施了白釉，就等于穿了一件保护衣，吸水率也变小，气孔封闭，成为类似致密的瓷器茶具，同样可用于冲泡清香的茶类。

茶具搭配

品茶礼仪

257 茶艺人员仪容仪表应该是怎样的

着装需得体：①颜色淡雅，与品茗环境、季节相匹配；②干净、整齐、无污渍茶迹；③服装以中式为主，袖口不宜过宽。

发型应整齐：①头发应梳洗干净、整齐；②发型适合自己的脸型、气质；③短发低头时不要挡住视线，长发泡茶时要束起。

手型要优美：①手要保持清洁、干净；②平时注意手的保养，保持柔嫩、纤细；③手上不要佩戴饰物，不涂颜色鲜艳的指甲油；④经常修剪指甲，指甲缝里干净。

面容洁净姣好：①可化淡妆，但不宜过浓；②注意面部平时护理、保养；③泡茶时面部表情要平和、轻松、安静。

258 茶艺人员的举止应是怎样的

泡茶人员必须要有优雅的举止，所谓举止是指人的动作和表情，是一种不说话的"语言"，反映一个人的素质、受教育的程度及能够被人信任的程度。具体应为：

① 举止大方、文静、得体；

② 泡茶动作要协调，有韵律感；

③ 泡茶的动作融入与客人的交谈中。

得体、整洁、优雅

泡茶时的体态

259 泡茶时的正确体态是怎样的

泡茶时，茶艺人员应头正肩平，挺胸收腹，双腿并拢；双手不操作时，应五指并拢平放在工作台上，嘴微闭，自始至终面带微笑。

260 茶艺人员的正确站姿是怎样的

茶艺人员的正确站姿是：直立站好，头正肩平，脚跟并拢，脚尖45°～60°角分开，抬头挺胸，收腹，双手自然体前交叉，目光平视，面带微笑。

261 茶艺人员的正确行走姿势是怎样的

茶艺人员正确的走姿：步履轻盈，姿态优美，步速不要过急，步幅不要过大，否则会给人忙乱之感；头正，平视前方，面带微笑。

262 为什么饮茶时不能一口喝尽而是要小口品饮

喝茶讲究品味，品味再三，一杯茶要分三口以上慢慢细品，饮尽杯中茶。品字三个口，一小口、一小口慢慢喝，才能静心体会茶的美。

263 茶桌上座次有什么讲究

一般面对主人，主人的左手边是"尊位"，然后顺时针旋转，由尊到卑，直到主人的右手边，不论茶桌的形式如何，都是这个规律。尊位的顺序为：老年人、中年人，比自己年纪大的人。其中师者、长者为尊，如果年龄相差不大，女士优先。

264 喝茶过程中能吸烟吗

吸烟会影响味觉，喝茶过程中严禁吸烟。如果烟瘾难耐，应该喝完五泡茶之后，征求一下主人的意见，得到同意后方可寻可以吸烟的地方吸烟。

265 敬茶的基本礼仪是怎样的

以茶待客时，由家中的晚辈为客人敬茶，接待重要客人的时候，应由女主人或者主人为客人敬茶。应双手端着茶盘，将茶盘放在临近客人的茶几上或备用桌上，然后双手捧上茶杯。如果客人在说话没有注意到，可轻声道："请您用茶。"对方向自己道谢，要回答"不客气"。如果自己打扰到客人，应说"对不起"。为客人敬茶时，一定要注意尽量不用一只手，尤其是不要只用左手。同时，双手奉茶时，切勿将手指搭在茶杯杯口上，或是将手指浸入茶水。

266 "敬茶七分满"的说法有什么道理

敬茶七分满表示对客人尊重。因为茶汤的温度往往很高，比如泡乌龙茶需要95℃以上的沸水，普洱或者老白茶有时还需要煮茶，如果倒茶过满，客人拿杯品饮的时候容易洒，也容

敬茶

易被烫，所以茶应倒七分满。此外还有一层寓意：这一小杯茶汤就像我们的人生一样，不要填得太满，留三分空白以作回味。

267 壶嘴为什么不能冲人

首先，泡茶的水温很高，壶嘴会冒出蒸汽，容易烫人，所以不能直接对人。其次，据说壶嘴有谐音"虎嘴"的意思，壶嘴冲人在古代被认为是忌讳。

268 敬茶的先后顺序有什么讲究

客人较多时，敬茶的顺序应是：先客人，后主人；先主宾后次宾；先长辈后晚辈；先为女士敬茶，后为男士敬茶；如果客人很多且客人彼此之间差别不大，可按照这三种顺序敬茶：

① 以敬茶者为起点，由近而远依次敬茶；

② 以进入饮茶房间的门为起点，按顺时针方向依次敬茶；

③ 以客人的先来后到为顺序等。

269 端茶应遵守什么礼仪

一般情况下应双手端茶盘，茶盘上放好客人的茶杯。双手端茶杯也要注意，持拿有杯耳的茶杯，通常是用一只手抓住杯耳，另一只手托住杯底，把茶端给客人。端茶的时候，手指不能碰到茶水。

有两位以上的客人时，用茶盘端出的茶色要均匀，并要左手捧着茶盘底部，右手扶着茶盘的边缘。如有茶点，应放在客人的右前方，茶杯应摆在点心右边。需给多人上茶时应以右手端茶，从客人的右方奉上，并面带微笑，眼睛注视对方。

如果品茗杯下有杯垫，要双手把杯垫推到客人面前。如场地有限制，可从客人左后侧敬茶，尽量不要从客人正前方上茶。

270 给茶杯里添水应注意什么

茶添水要及时，如果是有盖儿的杯子，应在客人右后侧方，用左手持容器添水，右手持杯侧对客人，添完水再摆放回原位。

在为客人添水斟茶时，不要妨碍到对方。茶杯远离客人身体、座位、桌子，杯中茶水到一半左右，即应该添水。

茶壶中茶叶可泡3、4次，客人杯中茶饮尽时，主人就要为客人添水，客人散去后，方可收茶。客人杯中留少许茶为礼貌。